武陵山地区农业实用技术

WULINGSHAN DIQU NONGYE SHIYONG JISHU

胡 德 著

重庆大学出版社

图书在版编目(CIP)数据

武陵山地区农业实用技术／胡德著. -- 重庆:重
庆大学出版社,2020.7
ISBN 978-7-5689-2248-7

Ⅰ. ①武… Ⅱ. ①胡… Ⅲ. ①农业技术 Ⅳ. ①S

中国版本图书馆 CIP 数据核字(2020)第 112171 号

武陵山地区农业实用技术

胡 德 著

策划编辑:鲁 黎

责任编辑:文 鹏 邓桂华 版式设计:鲁 黎
责任校对:王 倩 责任印制:张 策

*

重庆大学出版社出版发行

出版人:饶帮华

社址:重庆市沙坪坝区大学城西路 21 号

邮编:401331

电话:(023)88617190 88617185(中小学)

传真:(023)88617186 88617166

网址:http://www.cqup.com.cn

邮箱:fxk@ cqup.com.cn(营销中心)

全国新华书店经销

重庆华林天美印务有限公司印刷

*

开本:787mm×1092mm 1/16 印张:9.5 字数:222 千
2020 年 7 月第 1 版 2020 年 7 月第 1 次印刷
ISBN 978-7-5689-2248-7 定价:48.00 元

序

　　《中共中央国务院关于抓好"三农"领域重点工作确保如期实现全面小康的意见》指出，2020年是全面建成小康社会目标的实现之年，是全面打赢脱贫攻坚战收官之年。完成上述两大目标任务，脱贫攻坚最后堡垒必须攻克。

　　武陵山地区是国家确定的14个集中连片特困地区之一，包含湖北、湖南、贵州三省及重庆直辖市交界地区的71个区县，集革命老区、民族地区、贫困地区于一体，脱贫攻坚任务艰巨。党中央、国务院高度重视特困地区的发展，《武陵山片区区域发展与扶贫攻坚规划（2011—2020年）》就西部大开发、扶贫开发作出一系列顶层设计和战略部署。处于该片区中的黔江区、酉阳土家族苗族自治县、秀山土家族苗族自治县、彭水苗族土家族自治县、武隆区、石柱土家族自治县6个区县，是重庆市脱贫攻坚的主要地区。该区域是以土家族和苗族为主的少数民族聚居区，贫困面广量大，贫困程度较深，农业产业发展滞后，扶贫攻坚困难多，贫困人口的脱贫工作难度大。根据该区域的具体情况，广泛开展智力扶贫、精准扶贫，才能打赢脱贫攻坚战。

　　俗话说"一方水土养一方人"，一个地方的自然环境和资源状况，直接制约着当地农业的生产方式采用情况。开展扶贫攻坚，要因地制宜，依据当地的物候情况，采用先进的农业技术，运用科学的生产方式来提高农业生产的效率。农业技术是智力扶贫的重要方面，结合贫困地区的具体情况有针对性地开展智力扶贫、技术扶贫是助力脱贫攻坚的重要途径。

　　本书作者生长在武陵山地区，熟悉当地的风土人情、地形地貌、自然生态；从事职业教育和成人教育几十年，对职业教育服务脱贫攻坚有着深刻的认识;参与农村农民实用技术培训十几年,有着丰富的经验;对经济植物栽培有很多的研究,曾经出版过相关的书籍,发表过多篇相关的文章。

农业扶贫离不开"三农",本书以武陵山地区重庆区域的广大农村为重点,以农村中主要农业作物栽培为主线,以当地农民、返乡农民为对象,紧贴实际,对水稻、玉米、小麦、柑橘、枇杷、猕猴桃、李子、草莓、烟草等主要经济作物的栽培技术进行详细介绍,对相关的操作路径和方法提出了具体指导。全书内容通俗易懂,文字朴实易读,实用性强。

本书适用于武陵山地区及广大农村开展农民农业技术培训,也适用于农村居民自学参考用书。

"授人以鱼不如授人以渔"。打赢脱贫攻坚战,巩固脱贫成果,切实防止返贫,需要对智力扶贫的技术路径深入地进行研究,通过加强贫困地区职业教育和技能培训,提高农民的技术水平和能力,帮助农民掌握一门"看家本领",学会一项或几项农业实用技术,有利于提高农业生产的效率,实现农业生产方式的转变,稳定地促进农业持续增收,是一件功在当下,利在千秋的事情。

胡 彦

2020 年 4 月 26 日

目　录

第一章 概 述

第一节 地理环境及气候特征

武陵山地区地处渝、鄂、湘、黔 4 省市交界边缘地带,地跨东经 107°～111°,北纬 27°～31°,长宽分别约 390 km 和 360 km。山脉呈东北—西南走向,是乌江水系和沅江、澧水等水系的分水岭,一般海拔高 1 000～1 500 m,主峰梵净山高 2 499 m。该区大部分属云贵高原向江南过渡的地带,地势高亢,地形地貌复杂多变,山体切割幽深,全山区面积 10.6 万 km²。武陵源地形如图 1 所示。

图 1 武陵源地形

武陵山地区系巫山—大娄山山系延伸及雪峰山山系的西部过渡地带,多高山和丘陵。各地海拔差异很大,立体气候特点显著,拥有相当于我国的中亚热带、北亚热带、暖温带、中温带和温带 5 个气候带,年平均气温 7.8～16.6 ℃,大于等于 10 ℃ 的积温为 3 800～5 500 ℃,海拔高低的温度差异悬殊,每升高 100 m,大于等于 10 ℃ 的积温减少 180～200 ℃。

年日照时数偏少,为 1 100 ~1 500 h,但可被利用的光资源为 3 588 ~3 800 MJ/m²,有效性并不差。大部分地区降水量为 1 100 ~1 900 mm,一般山脉迎风坡的降水量大于背风坡。在一定范围内,降水量随着海拔上升而增加。鄂西海拔 1 200 ~2 400 m 山区的全年降水量为 1 800 ~2 140 mm,比低海拔河谷地带多 500 ~1 000 mm。黔东北梵净山海拔 1 700 ~1 800 m 的迎风坡为最大降水高度,此线以下每降低 100 m,其降水量减少 140 mm。尽管坡向、高度、地形不同而使降水量差异很大,但多数地区降水量基本上都大于农田的可能蒸发量,多雨潮湿的山地气候较为明显。虽然降雨量较大,但由于降雨季节分配不均,因此该地区部分地方伏旱发生频繁且较为严重,尤以渝东南与鄂、湘交界地带为重,常在水稻生长中后期(抽穗扬花灌浆期)发生伏旱,成为该区一大气候特点。武陵山地区的另一气候特点表现为暴风雨天气活动频繁,每年 5—6 月和 9—10 月易出现暴风雨天气,导致洪涝、冰雹灾害。

武陵山地区气候适宜于多种果树、粮经作物和蔬菜的生长。随着农业科学技术的普及,农业生产技术得到大幅度提高,复种指数明显提高。湘西海拔 350 m 以下,重庆涪陵、黔江区海拔 400 m 以下的平坝以及贵州铜仁市不低于 10 ℃的积温达 5 200 ~5 500 ℃的河谷地带,种植双季稻的安全生长季比长江中下游的武汉、长沙还要长 10 ~20 d。该区绝大多数耕地已实现一年两熟、二年三熟或三年五熟的间种套作多熟制,复种指数逐年提高。果树、蔬菜、作物间种套作生产普遍,只掌握单一技术已不能满足生产需要。

第二节 土地资源及农业生产发展概况

武陵山地区境内出露地层从老到新有寒武、奥陶、志留、泥盆、二迭、三迭、侏罗、白垩及第四系(更新系、全新系)等地层,其沉积岩层厚达数米。在地壳构造活动影响下,沉积岩系发生强力的褶皱断裂。复杂的地质构造和多变的地貌特征,致使该区产生了主体生物气候,导致土壤在形成和发展过程中出现垂直差异,背斜、向斜出露地层的不同岩性组合使得土壤分布具有明显的区域性。断层构造造成地层不连续,岩性变化致使土壤分布连续性被中断。复杂的断层构造和起伏多变的地貌及山高坡陡,成了山区水土流失的潜在因素,自然植被累遭破坏加速了土壤侵蚀。该区土壤具有明显的粗骨性和熟化程度低的特点。

武陵山地区拥有耕地 2 500 多万亩①,人均耕地 1.5 亩。其中,水田约占 40%,旱地占 60%。稻田有磅田、坝田、溪沟田之分。坝田产量高且稳定,磅田、溪沟田多系冷烂毒串田,属低产田,其面积占稻田面积的 49% ~79%。旱地多为坡地、槽土和高山谷地,以河流潮土、

---

① 1 亩 ≈666.67 m²。

紫色土、黄壤,石灰岩土为主。其中40%～60%的土地产量低而不稳。

改革开放以后,经过多年的发展,我国农业取得了举世瞩目的成就。农产品实现了从长期短缺到供求基本平衡、丰年有余的历史性转变,全国农村总体上进入由温饱向小康迈进的阶段,农村社会主义市场经济体制基本建立。我国农业和农村经济的发展已进入新阶段,调整农业结构、提高农业效益、增加农民收入、改善农村生态环境、实现农业和农村经济的持续稳定发展,必然要推进新的农业科技革命。

西部农业科技工作要围绕改善生态环境和发展特色农业,开展水资源高效利用、退耕还林还草、防治水土流失、荒漠化治理等综合技术的研究;加快西部地区农业结构的调整,优化资源配置,应用先进科技推进优势资源的合理开发和深度加工,促进农村经济的稳定发展;建立具有西部特色的农业科技产业示范基地和区域性支柱产业,增加农民收入,带动西部经济发展。集中连片贫困地区农业科技工作要围绕依靠科技脱贫致富,以改善生产、生活、生态环境和发展特色农业为重点,把提高农民科技和文化素质作为突破口,通过人才培训、推广农业适用技术、创办农业科技示范企业和建立农业综合性科技服务体系等措施,提高贫困地区自身发展能力。武陵山地区进行农业产业化结构调整、区域化布局、产业化生产,已占了农业生产的主导地位。生态农业、观光农业成为该地区今后农业发展的方向。

第三节　环境对植物生长的影响

环境是指植物生存地点周围空间一切因素的总合,包括气候因子(光、温度、水分、空气、雷电、风、雨和霜雪等)、土壤因子(成土母质、土壤结构、土壤理化性质等)、生物因子(动物、植物、微生物等)、地形因子(地形类型、坡度、坡向和海拔等)。这些因子综合构成了生态环境,其中土壤、光照、温度、空气中的氧气和二氧化碳、水分等是植物生存不可缺少的必要条件,它们综合影响着植物的生长发育。

一、土壤

土壤温度是植物生长需要的重要环境因子之一,土壤温度直接影响种子的发芽和根系生长。

土壤提供给植物各种养分,还是一些微生物的生存场所,还具有保温的效果。

土壤的增热和冷却,决定于收入的热量与支出的热量之差。

同一种土壤,吸收热不同,温度不同;不同的土壤,吸收到同样多的热量,其温度也不同。

影响土壤温度的其他因子有土壤结构、土壤颜色、土壤的湿度、斜坡方位和坡度、植物覆盖和积雪覆盖等。

土壤的增热和冷却过程:白天,土壤吸收太阳辐射使表面增温增热,并通过分子传导向深处传递热量;夜间,土壤表面因有效辐射而冷却,热量从土壤深处向上传递。

土壤肥力是土壤的本质特征。它是指土壤能够供给和协调植物生长发育所需要的水、肥、气、热的能力。土壤肥力状况是土壤水、肥、气、热四大肥力因素的综合体现,它们之间存在着相互矛盾、相互制约又相互促进的关系。土壤肥力的高低主要取决于水、肥、气、热之间在一定条件下的协调程度。

二、光照

光是植物进行光合作用的能量来源,植物只有在一定的温度范围内才能够生长。温度对生长的影响是综合的,它既可以通过影响光合、呼吸和运输等代谢过程,也可以通过影响有机物的合成和运输等代谢过程来影响植物的生长,还可以直接影响土温、气温,通过影响水肥的吸收和输导来影响植物的生长。

光是绿色植物生长的重要因子,绿色植物通过光合作用将光能转化成化学能,光为地球上的生物提供了生命活动的能源。影响光合作用的主要因子是光质(光谱成分)、光照强度和光照长度。

光是植物进行光合作用的能量来源。光合作用主要依靠植物的叶绿体这一器官完成。阳性植物是指在强光环境中才能生长健壮,在隐蔽和弱光条件下生长发育不良的植物。阴性植物是在较弱的光照条件下比在强光条件下生长更好的植物,但并不是说它对光照没有要求,当光照过弱时,它也无法正常生长。同一种植物在不同的生长发育阶段对光的要求不一样。为了植物能够正常快速地生长,光照是必不可少的。

三、温度

温度和光一样,是植物生存和进行各种生理生化活动的必要条件。植物的整个生长发育过程以及树种的地理分布等,在很大程度上受温度的影响。只有在一定的温度条件下,植物才能进行正常生长,过高、过低的温度对植物都是有害的。植物的生活是在一定的温度范围内进行的,各种湿度数值对植物的作用不同。通常所说的温度三基点是指某一个生理过程所需要的最低温度、最适温度和不能超过的最高温度。

温度对植物的影响通过对植物各种生理活动的影响表现出来。树木的种子只有在一定的温度条件下才能吸水膨胀,促进醇的活化,加速种子内部的生理生化活动,从而发芽生长。一般植物种子在 $0 \sim 5$ ℃开始萌动,之后发芽生长与温度升高呈正相关,最适温度为 $25 \sim 30$ ℃,最高温度为 $35 \sim 45$ ℃,温度再高就对种子发芽产生不利影响。植物的生长是在一定的温度范围内进行的,不同地带生长的植物,对温度在量上的要求是不同的。一般在 $0 \sim 35$ ℃范围内,温度升高,生长加快,生长季延长;温度下降,生长减慢,生长季缩短。其原因是在一定温度范围内,温度上升,细胞膜透性增强,植物生长所需的二氧化碳、盐类吸收增加,同时光合作用增强,蒸腾作用加快,酶的活动加速,促进了细胞的延长和分裂,从而加快了植物的生长速度。

四、水分

水是生物生存的重要因子,它是组成生物体的重要成分,树体内含水约50%。只有在水的参与下,植物体内的生理活动才能正常进行。水分不足,会加速植物的衰老。水主要来源于大气降水和地下水,在个别情况下,植物还可以利用数量极微的凝结水。水通过质态、数量、持续时间的不同对植物起作用。水可呈多种质态,如固态水(雪、雹)、液态水(降水、灌水)和气态水(大气湿度、雾),不同质态水对植物的作用不同;水的数量是指降水的多少;水的持续时间是指干旱、降水、水淹等持续的日数。水对植物的生命活动影响重大,直接或间接影响植物的生长、开花和结果。

在自然界不同的水分条件下,适应着不同的植物。对于树木来说,在干旱的山坡上常见松树生长良好;在水分充足的山谷、河旁,赤杨、枫杨生长旺盛。这说明树木对水分有不同的要求,它们对土壤湿度有不同的适应性。树种对水分的需要和要求有时是一致的,有时也可能不一致。例如,赤杨喜生于水分充足的地方,是对水分需求量高、对土壤水分条件要求比较严格的树种;松树对水分的需要量也较高,但却可生长在少水的地方,对土壤湿度要求并不严格;云杉的耗水量较低,对土壤水分的要求却严格。按树种对水分的要求可分为耐旱树种、湿生树种和中生树种。

第二章 作物栽培基础知识

第一节 作物栽培生理知识

一、光合作用

光合作用是绿色植物利用太阳光的能量,把二氧化碳和水合成有机物质,并放出氧气的过程。光合作用合成的有机物主要是碳水化合物。

(一)光合作用的总反应式

$$6CO_2 + 12H_2O \xrightarrow[\text{叶绿体}]{\text{光}} C_6H_{12}O_6 + 6O_2 + 6H_2O$$

光合作用包括两个重要阶段,即光反应阶段和暗反应阶段。

(二)光反应阶段

光反应阶段包括光反应场所和光反应过程两个方面。

(1)光反应场所

在叶绿体基粒片层结构的类囊体和叶绿体基质中进行。

(2)光反应过程

光反应的本质是由可见光引起的光化学反应,可分为两个方面的内容:

①水的光解反应:通过光合色素对光能的吸收、传递,在其中部分光能作用下把水分解为氢和氧,氧原子结合形成氧气释放出去,氢与 NADP 结合形成 NADPH,用[H]表示,称为

还原性氢,作为还原剂参与暗反应。

②ATP的合成反应:另一部分光能由光合色素吸收、传递的光能转移给ADP,结合一个磷酸形成ATP,也就将光能转变成活跃的化学能储存在高能磷酸键上。

(三)暗反应阶段

暗反应阶段包括暗反应场所和暗反应过程两个方面。

(1)暗反应场所

在叶绿体基质中进行。

(2)暗反应过程

暗反应实际上是一个由多种酶的催化才能完成的酶促反应,光对暗反应没有影响。主要包括以下3个步骤:

①二氧化碳的固定:一个二氧化碳分子与一个五碳化合物分子结合形成两个三碳化合物分子,这个反应的作用在于使反应活性不高的二氧化碳分子活化。

②三碳化合物的还原:在有关酶的催化下,一些三碳化合物接受光反应产生的ATP分解时释放的能量并被光反应产生的[H]还原,经一系列复杂的变化,形成糖类,一部分氨基酸和脂肪也是由光合作用直接产生的。

③五碳化合物的再生:另一些三碳化合物则经复杂的变化,又重新生成五碳化合物,从而使暗反应阶段的化学反应不断地进行下去。

二、呼吸作用

(一)有氧呼吸

有氧呼吸:$C_6H_{12}O_6+6H_2O \xrightarrow{\text{酶}} 6CO_2+12H_2O+\text{能量}$

有氧呼吸是指细胞在氧的参与下,通过酶的催化作用,把糖类等有机物彻底氧化分解,生成二氧化碳和水,同时释放出大量能量的过程。有氧呼吸是高等动物和植物进行呼吸作用的主要形式。通常所说的呼吸作用就是指有氧呼吸。细胞进行有氧呼吸的主要场所是线粒体。一般说来,葡萄糖是细胞进行有氧呼吸时最常利用的物质。

有氧呼吸的全过程,可以分为3个阶段:第一个阶段,一个分子的葡萄糖分解成两个分子的丙酮酸,在分解的过程中产生少量的氢(用[H]表示),同时释放出少量的能量。这个阶段是在细胞质基质中进行的。第二个阶段,丙酮酸经过一系列的反应,分解成二氧化碳和氢,同时释放出少量的能量。这个阶段是在线粒体中进行的。第三个阶段,前两个阶段产生的氢,经过一系列的反应,与氧结合而形成水,同时释放出大量的能量。这个阶段也是在线粒体中进行的。以上3个阶段中的各个化学反应由不同的酶来催化。在生物体内,1 mol的葡萄糖在彻底氧化分解以后,共释放出2 870 kJ的能量,其中有1 161 kJ左右的能量储存在

ATP 中,其余的能量都以热能的形式散失了。

(二)无氧呼吸

无氧呼吸:$C_6H_{12}O_6 \xrightarrow{\text{酶}} 2C_2H_5OH+2CO_2+$能量(少量)

$$C_6H_{12}O_6 \xrightarrow{\text{酶}} 2C_3H_6O_3(\text{乳酸})+\text{能量(少量)}$$

无氧呼吸一般是指细胞在无氧条件下,通过酶的催化作用,把葡萄糖等有机物质分解成为不彻底的氧化产物,同时释放出少量能量的过程。这个过程对于高等植物、高等动物和人来说,称为无氧呼吸。如果用于微生物(如乳酸菌、酵母菌),则称为发酵。细胞进行无氧呼吸的场所是细胞质基质。高等植物在水淹的情况下,可以进行短时间的无氧呼吸,将葡萄糖分解为酒精和二氧化碳,并且释放出少量的能量,以适应缺氧的环境条件。高等动物和人体在剧烈运动时,尽管呼吸运动和血液循环都大大加强了,但是仍然不能满足骨骼肌对氧的需要,这时骨骼肌内就会出现无氧呼吸。高等动物和人体的无氧呼吸产生乳酸。此外,还有一些高等植物的某些器官在进行无氧呼吸时也可以产生乳酸,如马铃薯块茎、甜菜块根等。无氧呼吸的全过程,可以分为两个阶段:第一个阶段与有氧呼吸的第一个阶段完全相同;第二个阶段是丙酮酸在不同酶的催化下,分解成酒精和二氧化碳,或者转化成乳酸。以上两个阶段中的各个化学反应由不同的酶来催化。在无氧呼吸中,葡萄糖氧化分解时所释放出的能量,比有氧呼吸释放出的要少得多。例如,1 mol 的葡萄糖在分解成乳酸以后,共放出196.65 kJ 的能量,其中有61.08 kJ 的能量储存在 ATP 中,其余的能量都以热能的形式散失了。

三、春化作用

在自然条件下,低温是诱导某些植物成花的决定性因素之一。一、二年生植物如冬小麦、萝卜、白菜和芹菜等,在第一年生长季节形成营养体,以营养体越冬,经受一定天数的低温后,第二年春天才能开花结果,否则只进行营养生长。低温促使植物开花的作用称为春化作用。

春化阶段的主导因素是低温,温度一般为 0～2 ℃,不同植物需要的温度不同。除此之外,氧气(呼吸作用)、水分(>40%)和糖(呼吸底物)也是春化过程不可缺少的重要条件。在春化作用还没有完成时将植物返回高温(40～50 ℃)或置于缺氧条件下,春化效果即行消失。高温和缺氧消除春化效果的现象称为去春化作用。植物接受春化作用的是正在分裂的细胞,主要是顶端分生组织。春化作用的诱导效应可以通过细胞分裂和嫁接进行传递。试验证明:只要植株的一个主干经过春化作用,则由主干发出的几个侧枝都具有春化效应;将经过低温处理的二年生天仙子叶片嫁接到未处理的植株上可诱导后者开花。

四、植物生长必需的营养元素及其功能

植物整个生长期内所必需的营养元素有碳(C)、氢(H)、氧(O)、氮(N)、磷(P)、钾(K)、钙(Ca)、镁(Mg)、硫(S)、铁(Fe)、锰(Mn)、锌(Zn)、铜(Cu)、钼(Mo)、硼(B)、氯(Cl)等16

种。无论有机或无机肥料,它们都是由不同的化学元素所组成。有机肥一般含有碳、氢、氧、氮、硫、磷、钾等多种元素,各种营养元素之间及其对植物生长和结实的作用,有着复杂的相互联系及相互制约的关系。当一种元素过多或过少时,会引起生理机能的失常,影响生长和结实。缺乏某种元素,往往会影响其他元素的吸收和转化,对植物产生不利影响。必须根据各种作物的需要,充分满足其对各种元素的要求,才能保证作物正常的生长和结实。

1. 氮(N)

氮是影响作物生长和结实最强的元素,用量适当使植株叶多健壮,能提高产量,并使根系生长良好,提高抗逆性等作用。缺氮时叶黄化,影响碳水化合物和蛋白质等的形成;植株生长衰弱,落花落果重。长期缺氮将导致根系不发达,树体衰弱,植株矮小,抗逆性低,寿命缩短。而氮量过多,又会引起枝叶徒长。只有适时适量供应氮素,才能保证作物生长发育正常。

2. 磷(P)

磷能促进花芽分化,有利于种子的形成和发育;提高根系的吸收能力,促进新根的发生和生长;增强作物抗寒和抗旱能力。磷素不足会使果实发育不良,籽粒含糖量减少,产量降低。但磷素过剩会抑制氮素或钾素的吸收,引起生长不良;过量磷素可使土壤中或植物体内的铁不活化,叶片变黄,产量下降,还能引起锌素不足。在施用磷肥时,要注意氮、钾等元素间的比例关系。

3. 钾(K)

适量的钾可以促进籽粒饱满和成熟,提高品质;能促使植株生长健壮,增强作物抗寒、抗旱、耐高温和抗病虫的能力。钾素不足时,作物营养生长不良,降低产量和品质。但钾素过剩,组织内含水率增高,茎叶不充实,耐寒性降低。钾素过多时,氮的吸收受阻,抑制营养生长,或镁的吸收受阻,发生快镁症,并降低对钙的吸收。

4. 钙(Ca)

钙能促进细胞壁的发育,提高作物的抗逆能力;钙在作物体内有平衡生理活动的功能,有解毒作用,并能调节土壤溶液达到离子平衡,适量的钙,可减轻土壤中钾、钠、氢、锰、铝等离子的毒害作用,使作物正常吸收液态氮,促进作物的生长发育。缺钙时新根生长受阻,根短而粗,根尖变褐色,并发生枯死;叶片变小,严重时茎叶枯死和花萎缩,缺钙与土壤酸度大和其他元素过多有关。酸性强的土壤,有效钙含量降低,含钾过高也能造成缺钙。钙素过多时,土壤显碱性而板结,并使铁、锰、锌、硼等呈不溶性,导致作物缺素症的发生。

5. 镁(Mg)

适量的镁素,可以促进种子肥大,增进品质。缺镁时,叶绿素不能形成,叶片失绿,出现黄白斑块,植株生长停滞,影响产量。沙质土和酸性土镁素易流失;施磷、钾肥过量也会造成缺镁症。酸性土大量施用石灰容易引起缺镁,在生产上应予注意。栽培上应重视增施有机肥料,可以弥补缺镁或其他微量元素的不足。酸性土可施用钙镁复合肥。叶片喷施也有良好效果。

6. 铁（Fe）

碱性土壤或灌溉用水 pH 值高，易使铁产生沉淀，植株难以吸收利用而引起缺铁现象。缺铁影响叶绿素的形成，幼叶失绿，叶肉呈黄绿色而叶脉仍为绿色，缺铁症又称黄叶病。严重时叶小而薄，叶肉呈黄白色至乳白色，随病情加重叶脉也失绿成黄色，甚至发生枯梢现象。生产中应注意改良土壤、增施有机肥料，必要时也可以叶面喷施低价铁来弥补铁素的不足。

7. 硼（B）

硼能促使花粉发芽和花粉管生长，有利于子房发育，可以促进授粉受精，提高坐果率，增加产量。硼能提高维生素和糖的含量，促进根系发育良好，增强吸收能力。缺硼时，根、茎、叶的生长点枯萎，叶绿素形成受阻，叶片黄化，早期脱落，叶脉弯曲破裂，呈畸形叶。严重缺硼时，根和茎生长点枯死，生长衰弱，有小叶簇生；花芽分化不良。硼素过多，则引起毒害作用，导致根系吸收功能减弱。沙质土和碱性土均易缺硼，土壤过干或过湿也易发生缺硼症。土壤有机质丰富，可给态硼含量高。大量施用有机肥料改良土壤，可以克服缺硼症。

8. 锌（Zn）

缺锌时茎叶下部叶片常有斑纹或黄化部分。植物新芽顶部叶片狭小、枝条纤细，节间短，小叶密集丛生，质厚而脆，是缺锌的典型病症，即所谓"小叶病"。沙土、碱性土以及瘠薄山地果园，缺锌现象比较普遍。缺锌与土壤中磷酸、钾、石灰含量过多有关，还与氮、铜、镍过量及其他元素不平衡有关。加强综合管理、重视土壤改良，以及增施有机肥料，是解决缺锌的有效措施。

第二节　主要粮经作物病虫害知识

在农业生产的病虫防治中，存在着病害和虫害混淆现象。

一、基本概念

①病害：在一定外界环境条件下，植株受生物或非生物因子的作用，在生理上或形态上发生系列的病理变化，改变它正常生长发育状态，表现出各种不正常的特征，从而降低对人类的经济价值，这种现象称为植物病害。

②症状：植物感病后表现的病态。

③初侵染：越冬或越夏后的病原物，植物生长季节开始以后首次侵染植物。

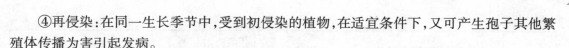

④再侵染:在同一生长季节中,受到初侵染的植物,在适宜条件下,又可产生孢子其他繁殖体传播为害引起发病。

⑤菌丝:真菌的营养体,为极细小的丝状物。

⑥菌丝体:菌丝的集合体。

⑦菌核:由菌丝体交织而成的休眠体。

⑧植物的抗病性:寄主植物抵抗病原物侵染的性能。

⑨虫害:是指有害的昆虫对植物生长造成的伤害,如蚜虫、蝗虫等。

⑩天敌昆虫:以害虫为食的昆虫。

⑪昆虫天敌:所有以昆虫为食的,统称为昆虫天敌。

二、主要病虫害发生规律及防治措施

武陵山地区粮经作物主要病虫害见表1。

表1 武陵山地区粮经作物主要病虫害一览表

作物	病虫名称	症状(为害状)	发生特点	药剂防治时间	防治指标	防治要点
水稻	稻瘟病	叶、茎,穗颈、谷粒皆可发病	病草、病谷上的病菌产生分生孢子侵染水稻植株产生苗瘟、叶瘟、穗颈瘟等。气候适合可造成流行,主要与品种抗性、气候、栽培条件、生育期有关	水稻分蘖期、破口至始穗期防治	1.叶瘟:感病品种秧苗生长嫩绿;连续阴雨或重雾,温度20 ℃以上。2.抽穗期多阴雨或后期叶瘟发病率或剑叶枕瘟发病率达1%时,穗瘟将流行	1.选用抗病良种。2.合理的栽培管理。3.药剂防治:a.处理好已带病稻草;b.1%生石灰浸种2～3 d;c.20% 三环唑1 000倍液浸秧根;d.40%克瘟散15 g或40%富士一号100 g或20% 三环唑粉剂100 g兑水60 kg喷雾
	纹枯病	初为水质渍状,后凹陷,多个病斑联合成云纹状大斑,潮湿多雨时,病部长出灰白色霉层,后形成菌核	以菌核在土里越冬,漂浮于水面的菌核萌发菌丝侵染,与温度、施氮量关系密切	分蘖期、孕穗至抽穗期	1.分蘖末至圆秆拔节期病丛率达10% ～15%。2.孕穗期病丛率达15% ～20%	1.打捞菌核。2.合理灌溉。3.增施有机15肥。4.进行规范化栽。5.增施微肥。6.用70%甲灵100 g或500 mg/kg井冈霉素25 g兑水60～75 kg喷雾
	赤枯病(坐蔸)	植株矮小,不发蔸,叶尖出现铁锈状红褐色小斑点	由低温、缺素、有毒气体、瘦脊等原因造成	苗期至分蘖前期		1.开沟排水晒田。2.增施有机肥。3.改进栽培方法。4.增施锌肥

续表

作物	病虫名称	症状（为害状）	发生特点	药剂防治时间	防治指标	防治要点
水稻	稻飞虱	俗称火蜢、蜢子以刺吸式口器在植株中下部取食为害,严重时发生"通火"现象	属迁飞性害虫,年发生4～5代,白背飞虱以7月中下旬为主害期,褐飞虱以8月中下旬为主害期,属常年大发生害虫	白背飞虱7月中旬左右,褐飞虱8月中旬左右		1.选用抗虫高产良种。2.药剂防治:50%甲胺磷100 g或25%杀虫双200 g或25%叶蝉散乳油100 g或扑虱灵20 g兑水60～75 kg喷雾
	稻纵卷叶螟	以幼虫卷食叶肉形成白叶,严重影响有机物质合成造成减产	属迁飞性害虫,常年发生4～5代,以6月下旬—7月中旬的二代虫为主为害,属间隙性发生害虫	7月上中旬左右,同时应注意第三代		1.选用抗虫丰产良种。2.药剂防治:50%甲胺磷100 g或25%杀虫双200 g或40%氧化乐果乳油100 g兑水60～75 kg喷雾
	螟虫	植株被害后形成枯鞘、枯心、死孕穗、白穗,俗称钻心虫	以老熟幼虫在稻桩、稻草内越冬,前期二化螟造成枯鞘,三化螟造成枯心后期皆造成死孕穗和白穗、虫伤株	分蘖盛期,孕穗至抽穗期,一般在5月下旬	二化螟:分蘖期枯鞘率达4%～5%;拔节至抽穗枯鞘丛达0.3%;齐穗后枯鞘丛达1%	1.拣除稻桩、稻草集中处理。2.适时春灌。3.药剂防治:同卷叶螟
小麦	赤霉病	有秆腐和穗腐,穗部被害,初为水渍状,后成水红色,最后变成黑色颗粒状物	以稻株、种子、稻草上的病菌为初次侵染来源,以分生孢子或子囊孢子,借气流传播形成再侵染,与气候、菌源、品种有关	齐穗至扬花初期	菌源量大,抽穗扬花期气温在15 ℃左右,且有3 d以上连续阴雨	1.选用抗病良种。2.消灭越冬菌源,拾净田间稻株。3.加强田间管理。4.药剂防治:50%托布津100 g或50%多菌灵100 g或15%粉锈灵75 g兑水60～75 kg喷雾
	白粉病	植株中下部先被害,后向上扩展,病斑放射状,有白色霉层	以闭囊壳在病株残体上越夏。产生子囊孢子侵染麦田,以菌丝体在麦苗上越冬,气候、品种是影响关键因子	拔节期、孕穗期、抽穗期	苗期病株率在3%～5%;拔节孕穗期病株率大于10%、抽穗期病株率大于40%应防治	

作 物	病虫名称	症状(为害状)	发生特点	药剂防治时间	防治指标	防治要点
小麦	纹枯病	在植标基部呈褐色条斑或黄褐色椭圆斑,在叶片上形成云纹状花纹,有白色霉层	以菌核在土壤中越冬,产生担孢子,由气流传播或菌丝体伸长直接接触形成再侵染,与施肥管理、气候关系密切	拔节期、孕穗期、抽穗期	分蘖末期病株率达5%;拔节期病株率达10%~20%	1.合理密植,合理施肥,深沟高厢,降低湿害。2.药剂防治:15%粉锈灵750 g或5万单位的井冈霉素水剂100 g进行常规喷雾
玉米	玉米螟	以幼虫为害,造成花叶、穗果期被害,严重影响产量	年发生4代、以幼虫在残株中越冬,气候、生育期、天敌综合决定发生程度	玉米喇叭口期用颗粒剂,抽雄吐丝期用药液	玉米新叶上出现半透明斑点或横排小孔时	1.4月羽化前处理玉米秆。2.适时播种。3.药剂防治:90%晶体敌百虫25 g或50%敌敌畏75 g或杀虫双大颗粒剂
油菜	菌核病	茎秆被害产生水渍状黄褐色至褐色病斑,叶片发病周围暗青色,中间褐色病斑,花瓣被害后变成苍白色	以菌核在病株内或土壤中越冬,适宜条件下产生子囊,子囊萌发孢子侵染花瓣、茎秆及荚果,与菌量、气候关系密切	开花期	油菜初花期出现病害流行条件或叶上出现病斑的植株占5%~10%时	1.轮作,不与十字花科、豆科等轮作。2.开沟排水防渍,摘除老黄叶。3.合理施肥。4.药剂防治:50%托布津或50%多菌灵100 g或速克灵100 g按常规喷雾
马铃薯	瓢虫类	俗称洋芋虫,以成虫和幼虫取食叶肉,形成丝网状	年发生1代,以成虫在土壤缝隙、杂草中越冬,幼虫群体为害,成虫有假死性	一代卵孵盛期(6月下旬—7月上旬)	百株卵块数达10~15个或受害植株率为20%左右时	1.冬耕炕土。2.人工摘除卵块。3.药剂防治:40%氧化乐果75 g或80%敌敌畏乳油75 g兑水60~75 kg喷雾
	环腐病	引起植株地上部分萎蔫和地下块茎沿维管束发生环状腐烂	种薯带菌,切口传染,伤口侵入,以温度影响最大			1.严格检疫,防止病区薯块传入无病区。2.选用抗病品种。3.切块时用5%的石灰水或75%酒精擦刀。4.精细收藏
甘薯	黑斑病	植株被害形成黑脚苗,有灰色霉层,后成黑色眼毛状颗粒物,薯块被害呈褐色、凹陷	以厚垣孢子囊孢子在窖内、土壤中越冬,薯块上以菌丝体越冬,产生分生孢子和子囊孢子再侵染,湿度影响最大			1.用三开一冷浸种10~12 min或10%401抗菌剂100~200倍液浸种10 min或50%甲基托布津浸种10 min

续表

作　　物	病虫名称	症状（为害状）	发生特点	药剂防治时间	防治指标	防治要点
甘薯						2. 高温育苗，要求温度达到 38 ~ 40 ℃。3. 浸苗：10% 401 剂 500 倍液浸 20 min。4. 实行两年以上轮作。5. 建立无病苗基地
	储藏期病害	俗称储藏期病害为"烂窖"				1. 药剂消毒贮窖。2. 适时收挖。3. 精选入窖。4. 加强管理
柑橘	柑橘脚腐病	主要为害树秆基部，初为水渍状后腐烂变褐，有酒精味	以菌丝体在病组织中休眠或以卵孢子在土壤中越冬，受外界温度、土质等影响			1. 选植抗病砧木。2. 刮治：彻底刮除病部后用 50% 托布津 100 倍液消毒。3. 开沟排水
	青绿霉病	初为水渍状软腐，病斑周围为白霉状物	以分生孢子随气流传播，病原在空间大量存在，发病条件为高温高湿			1. 采果时应在晴天无雾时，防止伤果。2. 精细管理。3. 药剂处理：2‰多菌灵 200 ~ 500 倍液或 50‰托布津 500 ~ 10 000 倍加 24-D250×10⁻⁶ 洗果，趁湿包装
	柑橘螨类	体小、吸食叶片汁液、有红黄蜘蛛和锈壁虱	一般有两次发生高峰，群集为害，造成黄叶、落叶，影响产量和品质，主要受气候影响		当每叶有红黄蜘蛛 2 ~ 3 头或有螨叶率达 15% ~ 20% 时，锈壁虱在视野里两头活虫以上，或果园中发现第一个灰果	1. 深耕改土，精细修剪，增强树势。2. 药剂防治：三氯杀螨醇 700 倍液加少量洗柴合剂防治，用 40% 的水胺硫磷或 50% 马拉拉松 800 倍液防治，或用扑虱 25 g，常规防治
	柑橘蚧类	整个植株皆可被害	分布广，年发生多代	红蜡蚧：5月下旬—6月上中旬；吹绵蚧：5月下旬	矢尖蚧：幼虫 2 头/叶。网纹蜡蚧：新梢幼蚧 0.5 ~ 1 头/叶。吹绵蚧：幼虫出囊上枝叶为害 1 头/叶	

第三章　水稻规范化高产栽培技术

　　水稻规范化栽培,从杂交品种布局、育秧、大田栽插、肥水管理到病虫防治,为水稻栽培提供系统的配套措施,实践证明是提高水稻产量的较为科学、实用的栽培方法。

　　武陵山地区的部分县(区),经过反复试验,走穗粒兼顾的路子,分别建立了适合本县(区)及临近县(区)的高产稳产栽培模式。

第一节　水稻育秧技术

一、选用合适组合,合理布局品种

　　根据海拔高度、看田类型和耕制需要,选择适宜的高产杂交组合,并合理布局。海拔800 m以下、有水源保证的田块,选用迟熟、中迟熟系列品种;无水源保证的田块、海拔较低种双季稻或再生稻的田块,选用中迟熟品种;海拔800~1 000 m的地区,选用中熟品种;海拔1 000 m以上地区以早熟型品种为主。

　　在同一地带(田块),不宜连续3年以上种植同一品种,要轮流更换种植同类型不同品种,以增强抗性,减轻病虫害的发生。

二、适时早播、培育多蘖壮秧

　　在海拔800 m以下地带,播种栽插期确定的余地较大,但从延长杂交稻营养生长期和避过春季低温、夏季伏旱、秋季阴雨等不利因素综合考虑,选择最佳播期仍是趋利避害夺取高产的一项关键技术。据多年气象资料,取80%保证率,气温12 ℃的日期一般在4月1—10日,温度不低于16 ℃的日期在4月16—25日,温度不低于18 ℃的日期在5月5—15日。海拔 800 m 以上地带略微有所推迟,迟熟或中熟的当家品种主茎叶片数为 17 片左右。若按一苞分化时主茎叶龄指数为 78% ~80% 计算,则主茎叶龄达 12.5 ~13.5 片时进入生殖生长阶段。如果在第 9 叶全展以前移栽,则本田营养生长期相当于有 3 ~4 片叶的生长时间。这就基本满足了在移栽后必须有 15 ~20 d 有较分蘖时间的要求。为此,温室两段育秧的播期,海拔 600 m 以下选在 3 月 26—31 日,海拔 600 ~800 m 地区选在 4 月上旬,海拔 800 m 以上地区选在 4 月 10—15 日,润湿秧田薄膜育秧则在上述标准基础上相应推迟 5 ~7 d。

(一)水稻抛秧栽培技术

水稻抛秧栽培技术是指利用带钵孔的塑料软盘培育根部带有营养土的水稻秧苗,凭借秧苗带土质量进行抛撒移栽的一项水稻栽培技术。与其他移栽方式相比,它具有省工、省力、省秧田和高产稳产等优点。主要适用于冬水田、囤水田和有水源保证的小春田。

1. 准备工作

(1)秧盘准备

每亩大田一般需秧盘 35 ~40 个,具体秧盘数应根据土壤肥力而定。

(2)秧床准备与制作

旱地秧床应选择土壤肥沃、背风向阳、管理方便的地块,施足底肥后精细整地。秧床宽以横放 4 个或竖放两个为宜,秧床四边做高 1.5 ~2 寸①的埂,形成坑式,以利保水。秧床间留 1 尺②宽、5 ~6 寸深的沟作走道。秧床长不超过 4 丈③。摆放秧盘前浇透水拌平起浆,能使秧盘钵体陷入泥中与床面密切接触。水田秧床应做成高标准的湿润秧田,秧床做好后,稍晾紧实再摆秧盘压紧。厢沟内不能有积水,保持厢面相对干燥。

(3)配制营养土

亩用黏度适中无草籽的肥沃土壤,经整细过筛后约 80 kg,与过筛腐熟的有机肥 5 kg、过磷酸钙 1 kg、敌克松粉剂 10 g、硫黄粉 100 g(或醋 100 ~200 g),水适量,充分拌和均匀,然后盖膜备用,营养土在播种前 20 ~30 d 准备好。

2. 苗床管理

(1)温度

播种至出苗,膜内温度应控制在 35 ℃ 以内,超过时应揭膜降温。一叶一心至二叶一心期,温度应控制在 25 ℃ 以下。二叶一心时期开始采取不同方式揭膜通风炼苗,膜内温度应控制在 20 ℃ 左右。以后逐渐降低膜内温度。

---

① 1 寸 ≈3.333 3 cm。
② 1 尺 ≈0.333 3 m。
③ 1 丈 ≈3.333 3 m。

（2）水分

整个育苗期，盘土以湿润为主，一般不浇水，旱地育苗水分不足出苗有困难的，可揭膜喷水保证出苗。出苗后，水分蒸发快，要根据需水情况浇水，且在早晚进行。采用水田做苗床的，厢沟关水，不淹床面，保持土壤湿润，最后一次浇水应在抛秧前 2～3 d 进行。

（3）施肥

在一叶一心、二叶一心期，用 1% 的尿素溶液（150 g 尿素+15 kg 水）喷施，施后再用清水洗苗，抛秧前 3～5 d 喷施送嫁肥。

（4）病虫草害的防治

为防治立枯病，秧苗长到一叶一心时，应喷敌克松 1 000 倍液以防病。杂草多的地块播种后，每平方米用毒草丹 0.5 g 兑水 0.15 kg 喷洒秧盘，抛秧前 1～2 d，用 20% 的三环唑 750 倍液喷洒秧盘，预防稻瘟病。

（5）施用多效唑培育壮苗

在秧苗一叶一心期，施用 $150—300×10^{-6}$（即 1 kg 水兑 15% 多效唑 1～2 g）的多效唑液，矮化秧苗，促根系发达，增加分蘖，每个秧盘喷药液 0.25 kg。

3. 整田及抛秧

（1）整田

抛秧栽培对大田整地质量要求较高，田要平、泥要绒，做到"高低不过寸，寸水不露泥，表层有泥浆"，底肥以有机肥与化肥相结合。

（2）抛秧

叶龄达到三叶一心至四叶一心便可抛入大田。为了保证亩基本苗数，应根据大田面积、亩植窝数、定盘抛秧，采用多次抛。第一次抛 70%，抛时人退着走，一手提秧盘，一手抓秧苗，向上抛 2～3 m 然后按 3～4 m 捡一条 30 cm 宽的人行道，剩下 30% 的秧苗补空，点抛均匀，或用竹竿在人行道上拨匀，适当匀密补稀，力求稀密均匀一致。

（3）注意事项

一是抛秧前 2～3 d 停止对秧盘浇水，若秧盘湿度过大，可在抛秧的前一天将秧盘取出，放在避雨处降低湿度。二是风大不宜抛秧。三是抛秧时田水要浅，2～3 分水泥为宜，切忌深水层抛秧。四是土质黏重的田块要提前整好，使泥浆下沉后再抛秧，以免秧苗入泥过深；土质过砂的田，整好后要及时抛秧，以免秧苗根系不易入泥而出现大量倒苗。五是抛秧时注意留好管田走道。

（4）田间管理

抛秧后 2～3 d，田中最好不进水，以利扎根立苗，如遇大晴天，关浅水促早立苗；如遇雨天应及时排水，防止积水漂苗，要查苗补苗。在抛秧一周后，亩用卡甲黄隆 6 g 或 5% 的丁草胺颗粒剂 0.5 kg 加丁草胺乳剂 0.1 kg，或用胺卡黄隆 20～25 g 拌细沙 30 kg，浅水见泥后撒施除草。立苗返青后，施足分蘖肥，浅水灌溉分蘖，适时早晒、轻晒田，促进发根抗倒。后期看苗施肥，干干湿湿，养根保叶。在整个过程中，根据预测预报，做好病虫害的综合防治。

（二）水稻旱育秧技术

水稻旱育秧具有"三早（早播、早栽、早熟）""四省（省力、省水、省秧田、省投资）""两增（增产、增收）"等特点，对解决本地区早春低温寒潮引起的烂秧死苗，部分地区春旱无水育秧，高海拔地区因秋风冷露对灌浆结实的不良影响，有着特殊的优势，是一种抗灾保收的科学育秧方法。

1. 准备工作

（1）苗床地的选择

要求土壤肥沃、疏松透气、地势平坦、向阳背风、管理方便的酸性沙壤土。

（2）苗床调酸

pH 值在 6 以下不调酸；pH 值在 6.5 左右时，每平方米苗床用硫黄粉 50 g；pH 值在 7 以上时，每平方米苗床用 100 g 硫黄粉，于播种前 25～30 d 撒于表土，反复翻耕，混合均匀。

（3）苗床施肥

底肥应在播种前 5～7 d 施用硫酸铵 120 g（或尿素 60 g）、过磷酸钙 150 g、硫酸钾（或氯化钾）40 g，施于 10～13 cm 土层中，来回整细，使土肥充分混匀。禁用草木灰、碳铵等碱性肥料。

（4）苗床制作

于播种前 3～5 d，开好四周排水沟，沟深 30～40 cm，作厢时按 1.7 m 开厢，厢宽 1.3 m，厢沟宽 0.4 m，厢沟深 15～20 cm，厢长不超过 15 m，捡除杂草、残根及石块，整至土细厢平后，平铺薄膜保湿，同时将道中泥土取出整细过筛，作盖种之用。

2. 苗床消毒及播种

（1）苗床消毒

在播种前，种子要进行浸种消毒催芽，严禁干谷、哑谷，对做好的苗床浇足底水，分 2～3 次浇，使 5 cm 以上的土壤湿透而不板结，然后以少量过筛细土填平厢面，再按每平方米用 1～2 g 敌克松粉剂兑水 1～2 kg 喷施苗床消毒，预防立枯病。若厢面不平，可用木板包上塑料膜轻压，以保证厢面平整。

（2）播种、播期及播量

比温室两段育秧适宜播期可提早 10～15 d，育 3.5 叶龄秧苗的，每平方米播 80～200 g 破胸谷种；育 4.5 叶龄秧苗的，每平方米播 50～180 g 破胸谷种；育 7～9 叶龄秧苗的，每平方米播 50 g 破胸谷种。播时要分厢定量，力求稀密均匀。播后用木板轻压使谷种三面入土，然后盖 0.5 cm 厚的过筛细土，拱膜覆盖保温，四周压土密闭。可盖双层膜，即在厢面上平铺一层膜，四周不压土，增温、保湿效果很佳，于出苗后一叶一心期前揭掉。

3. 苗床管理

播种至出苗期间以保温为主,若膜内温度超过 35 ℃时,要及时打开两头膜通气降温至 30 ℃时复膜,一般不浇水,若表土干燥发白,补浇少量水。若播后长期阴雨低温,应在中午打开两头膜换气几分钟后及时复膜。出苗至一叶一心,膜内温度应控制在 25 ℃左右,超过时应打开两头膜降温。秧苗长到一叶一心时,每平方米用 1 g 敌克松粉剂或 25% 甲箱霜粉 1 g 兑水 1 kg 喷雾,以防立枯病,同时每亩苗床用 15% 多效唑粉剂 180～200 g 兑水 90～100 kg 喷雾,培育矮壮苗。若床上发白,可适量浇水。

一叶一心至二叶一心,膜内温度应控制在 20 ℃左右。晴天:白天半揭膜后至全揭膜,下午 4:00 盖好;阴天:中午打开 1～2 h;雨天:中午打开两头换气,不能让雨淋到苗床上,膜内温度低于 12 ℃时,应注意盖膜防冷害,此时苗床应保持干燥,即使有龟裂现象,只要叶片不卷筒,不必浇水。

二叶一心到三叶一心:二叶一心时,每平方米苗床用硫酸铵 50 g(或尿素 25 g)、过磷酸钙 40 g、氯化钾 10 g、兑水 3 kg 喷施后,再喷清水浇苗,以防灼伤秧苗。在此期间,每平方米苗床用敌克松粉剂 1 g 兑水 1 kg 喷雾,防止立枯病。以后可结合追肥进行浇水,长一片叶追一次肥,亩用 30～40 担清肥水泼施,严禁灌水浸秧床。三叶一心时为了适应外界环境,晴天:白天可全揭膜通风炼苗,除雨天外,逐步实行日揭夜盖。遇寒潮要及时盖膜护苗。

4. 移栽、施肥与管理

旱育秧秧苗素质好,移栽后无返青,有早生快发、分蘖多的特点,栽播时每亩窝数适当偏稀栽,栽前 3～5 d 应施送嫁肥及亩施三环唑粉剂 0.1 kg 兑水 75～100 kg 喷施,做到带土、带药、带肥移栽。每亩大田施氮总量控制在 8～10 kg,栽中、小苗秧底肥占 60%,花、粒肥各占 20% 为宜。栽大苗秧底肥占 70%,破口肥占 30% 为宜。病虫防治及田间管理方法和温室两段育秧相同。

(三)水稻温室两段育秧技术要点

温室两段育秧,适用范围广,有利于克服早春不利气候影响,提高成秧率;有利于秧苗早发低位分蘖,秧龄弹性大,秧苗素质好,成穗率高;有利于避开后期高温伏旱和低温影响,实现安全齐穗扬花,早熟高产。

1. 选择适宜的播期,做好种子处理

结合武陵山地区气候特点,温室育秧上盘时间分别为:海拔 600 m 以下地区宜在 3 月底;600～800 m 地区在 4 月上旬;800 m 以上的地区宜在 4 月中旬。入室前,选晴天晒种 1～2 d,亩用 1% 的石灰水或 5% 多菌灵、40% 克瘟散等药剂 1 000 倍液,或强氯精粉剂 500 倍液浸种 24 h 消毒,经清水洗净后上备盘进室。

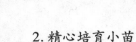

2. 精心培育小苗

温室育小苗,控温调湿是关键。种子入室后,快速升温,稳定在38~40 ℃高温下24~36 h,使种子破胸整齐,出苗一致。盘根期温度控制在30 ℃以下2 d,并注意压盘,湿度以"秧盘不积水、种子不发白、叶尖和根尖有小水珠"为准。湿度不够可喷热水调节。勤换秧盘,使整个温室秧苗都能接受一定光照。炼苗期可用0.1%~0.2%的速效氮肥喷施秧苗,提供氮素营养。

3. 及时寄栽,保证质量,培育多蘖壮秧

小苗寄栽一般在一叶一心期,最迟不超过二叶期,寄栽秧田要施足底肥,泥要绒和,厢面平整不积水。在前一天灌汪水,刚好上厢面为宜。寄栽规格5 cm×5 cm,秧苗栽正,根沾泥,泥盖谷,第二天应扶苗、补苗,均匀撒施混有草木灰的细堆肥于厢面做压根肥。

寄栽秧苗返青后,可施速效氮肥,每亩秧田用清粪水20~30担,加尿素5 kg泼施。以后每长一叶施一次肥,做到"少吃多餐"、前轻后重。水分管理要求返青后关浅水,遇寒潮灌水护苗,寒潮退后排水升温。二叶一心期亩用$300×10^{-6}$多效唑溶液(200 g 15%含量的多效唑粉剂兑水100 kg)喷施,培育多蘖壮秧,增加秧龄弹性。

武陵山地区早春气温回升慢,常有低温寒潮侵袭。海拔750 m以上的地区,要求实行保温寄秧,即在秧床上搭拱盖膜,提高苗床温度。这是预防低温冷害僵苗、死苗的有效措施。

第二节 水稻大田栽培及肥水管理

一、宽窄行规范化栽插,栽前三环唑浸秧

武陵山地区水稻栽插方式主要有4种类型,即宽窄行条型栽插、宽行窄窝栽插、长方形栽插和正方形密插。从多年大面积实践看,其增产前景和增产潜力基本上依上述次序依次递减。

密度的控制应以下5个方面因素作为主要依据:第一,因地制宜。根据各地的生态环境和生产条件差异,选择不同的栽插密度和配置方式。第二,因田块肥力制宜。不同肥力的田块选择不同的密度。第三,根据光照状况决定栽插密度。水稻生育期内日照900 h以下,密度控制在每亩1.5万窝左右,亩植基本苗10~12万苗;日照900~1 000 h,亩植1.5~1.8万窝,亩植基本苗12~14万苗;日照1 000 h以上,亩植1.8~2万窝,亩植基本苗1.5~1.6万苗。第四,视前茬、水稻秧龄和育秧方式确定栽插密度。麦茬田偏密,油菜茬口田偏稀。

秧龄长、温室两段秧偏密;秧龄短、非温室两段秧密度偏稀。第五,不同品种,密度不同。早熟品种密度偏大,迟熟品种偏稀。

　　根据山区各地多年试验示范情况看,宽窄行拉绳栽插,能保证密度,改善通风透光条件,有利于群体和个体协调发展,达到穗粒兼顾、增窝增穗、增产的目的。适当放宽行距,缩小株距,东西向宽窄行栽培,是目前生产上应用较广的栽插方式。其具体规格为:中等肥力田块采用宽行 30 cm,窄行 16.6 cm,窝距 13.3 cm 规格,亩植 2 万窝左右;大肥田采用宽行 33.3 cm,窄行 20 cm,窝距 13.3 cm 规格,亩植 1.8 万窝左右;磅田和肥力低的跑水跑肥田,采用宽行 27 cm,窄行 16.6 cm,窝距 13.3 cm 规格,亩植 2.2 万窝左右。

　　三环唑浸秧能有效地预防稻瘟病。凡稻瘟病常发区,在选用抗病品种的基础上,必须采取三环唑浸秧。一般亩用 20% 三环唑粉剂 100 g 兑水 100 kg 浸秧 1 min,将药液浸过的秧苗盖膜堆闷半小时,然后栽入大田。

二、遵照水稻需肥需水规律,加强肥水管理

(一)施肥技术

　　我国传统的稻田施肥均以有机肥为主,或有机无机配合。加之早中稻前期气温低,土壤养分释放较慢,形成了以基肥为主的特色,肥料种类上多以氮素为主。随着施肥技术不断提高,不仅要注意有机无机配合,更要注意氮、磷、钾及其他元素的配合施用。南方稻作区域自然条件和耕作制度、生产水平和施肥水平差异很大,存在着不同的施肥方式,各种施肥方式的差异,主要表现在基肥、追肥的比重及其追肥时期、数量的配置上。

1.“前促”施肥法

　　其特点是将全部肥料施于水稻生长前期,一般多采用重施基肥早施分蘖肥的分配方法,也有集中基肥一次全层施用的,使稻田在水稻生长前期有丰富的速效养分,特别是氮肥,能促进分蘖早生快发,确保增蘖多穗。尤其是在基本苗较少的情况下更为重要。一般基肥占总施肥量的 70% ~80%,其余肥料在移栽返青后即全部施用。一般认为,对双季早晚稻和单季稻中的早熟品种,其生育期短,特别是双季早稻和早中稻生育前期气温较低,土壤供肥强度低,与水稻需肥特性之间存在比较突出的矛盾。若以“增穗”为主攻途径,稻田保肥能力较强,有机肥比重又较大时,宜采用这种方法。

2.前促、中控、后补施肥法

　　这种施肥法仍注重稻田的早期施肥。但其最大特点是强调中期限氮和后期氮肥补给。在施足基肥的基础上,前期早攻分蘖肥,促进分蘖确保多穗;中期控氮,使水稻有利于由氮代谢向以碳代谢为主的方向转化,协调穗多与穗大的矛盾;后期(抽穗前后)适当补施粒肥,保持叶片有较高的光合效率和较长的功能期,以提高结实率增加粒重。这种施肥方式,在当前

生产实践中应用广泛,尤其在南方一季中稻中应用较多。在品种生育期长,施肥水平较高,特别是对分蘖穗比重大的杂交稻,采用这种施肥方法能较好地协调穗多与穗大的矛盾。在具体应用上,群众的经验是:前期攻得起攻而不过头,早发争多穗;中期控得住,控而不脱肥,壮秆攻大穗;后期保得住,活熟增粒重。

3. 前稳、中促、后保施肥法

在栽足基本苗的前提下,减少前期施肥量,使水稻稳健生长,着眼于依靠主穗(包括杂交稻以蘖代苗的秧田大分蘖),本田期不要求过多分蘖,在此基础上,中期重施穗肥,以充分满足稻株对氮素营养吸收,促进穗大粒多,后期适当施用粒肥,以增加碳水化合物积累,增加结实率和粒重。要达到前期早生稳长,中期不疯长,后期不早衰、不过头,在足够穗数上攻大穗、粒重。适用于生长期较长的品种和肥料不足,土壤保肥力较差的田块。

以上几种施肥方法都各有其适应的条件,不能一概而论。但从水稻的生育特点与对肥料的需求比较,前期集中施肥与分段施肥,以分段施肥更有利于各产量构成因素发展,能获得较理想的产量。

从目前南方稻区实际氮肥用量看,一般单产稻谷 7 500 kg/hm²,施氮 225 kg/hm² 以上;单产 6 000 ~7 500 kg/hm²,施氮 180 ~ 225 kg/hm²;产 4 500 ~6 000 kg/hm²,施氮 120 ~ 180 kg/hm²。具体用量随土壤肥力、品种、栽培方法而不同。在施氮同时,注意磷、钾肥配合施用。

目前,山区各地对水稻生产极为重视,其施氮量大多数水平较高,主要应采取前促、中控、后补的方法进行施肥,掌提好底肥为主,配合施用为主,农家肥为主的"三为主"原则,一般亩用农家肥 1 000 ~1 500 kg,尿素 15 ~20 kg(或相当含氮量的其他氮肥),草木灰 150 ~ 200 kg,过磷酸钙 20 ~25 kg,冷浸田加锌肥 1 ~1.5 kg,农家肥、锌肥、磷肥全部做基肥施用。保肥保水力强的田块,氮肥可全做基肥施用。保水保肥力差的田块,宜用 5 ~8 kg 尿素(或 15 ~20 kg 碳铵)做基肥,4 ~6 kg 尿素在栽后 7 ~10 d 撒施,抽穗前视脱肥落黄情况补施少量配料,可用尿素 1 kg 加 200 ~250 g 磷酸二氢钾或 2 kg 磷肥与 10 kg 草木灰浸出液兑水 50 ~ 60 kg 进行叶面喷施,不落黄的田块不加尿素。

(二)稻田灌溉技术

水稻需水有生理需水和生态需水两种类型。生理需水是指直接用于水稻正常生理活动以及保持体内平衡所需的水;生态需水是指用于调节空气、温度、湿度、养料、抑制杂草等生态平衡所需的水。

生产中根据水稻生育期需水规律进行水分管理。

1. 返青期

稻田保持一定水层,为秧苗创造一个温湿度较为稳定的环境,促进早发新根,加速返青。但水层过深,超过最上面全出叶的叶耳,会影响叶片功能,造成叶片死亡,影响生长的恢复。

早稻因气温较低,白天灌浅水,晚上灌深水(10 cm以上),可提高泥温和水温,对发根成活有利。寒潮来时应适当深灌,护苗防寒。晚稻或迟茬田移栽正是高温季节,为防止高温伤害秧苗,白天宜加深水层或用流水灌溉,以降温保苗,晚上应排水,促进发根返青。由此,水稻返青期如天气晴朗宜以5~10 cm深水护苗,天气阴雨则宜保持3 cm左右浅水层。

2. 分蘖期

水稻分蘖的适宜田间水分状况是土壤含水饱和到浅水层之间。这种水分状况下,稻田土壤昼夜温差大,光照好,促进分蘖早发、快发,单株分蘖数多,分蘖成穗率也较高。随着水层的加深,分蘖会受到抑制。分蘖达到相当数量后,生产上多采用保持3 cm以内的水层。

3. 幼穗发育期

稻穗发育期是水稻一生中生理需水的临界期。加之晒田复水后稻田渗漏量有所增大,此时稻田总需水量较多,一般占到全生长期需水量的30%~40%,水晒田(或加深水层)可以抑制无效分蘖。在稻穗发育期中,从生理或生态需水来讲,一般宜采用水层灌溉。淹水深度不宜超过10 cm,维持深水层的时间也不宜过长。

4. 出穗开花期

此期对稻田缺水的敏感程度仅次于孕穗期。受旱时,重则抽穗、开花困难,轻则影响花粉和柱头的生活力,空秕率增加。一般要求有水层灌溉。我国南方部分稻区的早、中稻抽穗开花期常有高温伤害的问题,稻田保持水层,可明显减轻高温的影响。据试验,出穗开花期间灌水7.5 cm,可使穗层温度降低0.5 ℃左右;进行喷灌,在短期内,穗层温度可降低4~5 ℃,显著提高结实率。

5. 灌浆结实期

为了延长后期叶片的功能期,保持稻株较强的光合作用,并使茎叶中储存的有机物能顺利运到籽粒中去,以减少空秕粒和增加粒重,此期宜采用间歇灌溉,保持土壤湿润。后期断水早,对产量有影响,尤其是对杂交稻影响更严重。杂交稻的弱势粒具有可灌浆时间长的特点。此期稻田最适的水分状况是,使稻田处于水层与露田相交替的状态,做到"以水调气,以气养根,以根保叶"。

根据水稻需水规律和武陵山地区稻田水源状况,稻田的水分管理应主要采取"浅水过六,深水迎伏,干湿养谷"的灌水方法,即一般田块在栽秧至6月份关浅水,最缺水的望天田关2~3寸深的水。6月份及时关深水,既控制后期无效分蘖,又预防伏旱,保孕穗、抑杂草,齐穗后间歇灌溉,干干湿湿以利灌浆,壮籽养谷,并为放干田种小春作准备。

三、进行根外追肥,搞好病虫综合防治

始穗期喷施"九二〇",亩用"九二〇"兑水进行叶面喷施,促进抽穗整齐一致,一般可增

产 3%～5%。齐穗后,亩用磷酸二氢钾 200 g,兑水 50～60 kg 进行叶面喷施,能有效延长功能叶生长期,提高千粒重,使产量和品质有一定提高。

　　武陵山地区水稻的稻瘟病、稻纹枯病、二化螟、稻纸卷叶螟、稻飞虱、稻秆潜蝇等常年有较大面积的发生,是制约水稻产量提高的一个主要因素。各地进行了多年试验,形成了一套切实可行、高效简便的综合防治的方案(见表 2.1),是水稻病虫防治的主要技术。在水稻高产栽培上,应切实开展预测预报,加强田间调查,视田间病虫害发生情况,及时施药防治。

第四章 玉米高产栽培技术

第一节 玉米杂交制种技术

一、杂交制种

1. 设置隔离区

生产用杂交种的配制需要一定的条件。要有一个制种计划，根据所制杂交种的类型和要达到的种子产量来确定隔离区的数量、面积及隔离方式等。玉米是异化授粉作物，花粉主要靠风力传播，蜜蜂等昆虫也可以传粉。制种田要设立隔离区，在周围 500 m 以内没有其他玉米种植，可避免其他玉米花粉传入，这种隔离方式称为空间隔离，是杂交制种时通常采用的主要隔离方式。其他隔离方式有时间隔离，方法是使隔离区周围其他玉米的花期与隔离区内的花期错开。另外还有用高秆作为隔离或自然屏障隔离等。一般情况下配制一个杂交种需要一个隔离区，但也有父本相同、母本不同的几个杂交种。在同一个隔离区进行杂交种子生产的，即所谓一父多母杂交种的配制。但是，要从配制一个杂交种的总体来说，并不是一个隔离区就能完成的。以单交种来说，两个亲本自交系要在隔离区繁殖，加上制种一共需要 3 个隔离区，如果是姐妹单交就需要 5 个隔离区，即两个母本自交系，一个父本自交系，再加上先配制姐妹杂交种，最后才能配制姐妹单交种。而 3 种隔离区的数目和姐妹单交种相同，也是 5 个。双交种种子产生需要 7 个隔离区，即 4 个自交系繁殖区，两个亲本单交种和 1 个双交种制种区。

2. 种植方式

选好隔离区后,要求按一定规格和时间播种。通常的做法是父母本相间种植,父母本的行比依其所具有的特性而定。早期进行单交种种子产生时,一般采用两行母本1行父本,主要是保证父本有充足的花粉,使母本结实良好。如果父本花粉量大,散粉期长,可以增加母本行数的比例,可3:1或4:1,甚至6:1或8:1。其目的是提高产量,因为杂交种子是从母本果穗上获取的。行比的确定要根据实际情况和试验结果而定,如果母本植株高大,父本矮小,母本占的行就不宜太大。父母本的播种期,也是制种成败的关键因素之一。其核心是使父母本花期相遇良好。如果两个亲本自交系的生育期相近,开花期相同,或母本的抽丝期(雌蕊吐丝)比父本雄穗散粉期早2~3 d,就可以同期播种,否则父母本就要错期播种或有一个亲本自交系经过催芽后同期播种。错期太长会给生产带来困难,特别是在没有灌水条件的地区制种,第二期或第三期播种会因为土壤墒情不好而影响出苗。

3. 去杂

去杂是指铲除杂株和及时彻底拔出母本的雄穗。根据两个亲本自交系(就单交种而言)苗期和抽穗前期的特征特性,在抽雄前至少要分两次铲除杂株,以保证种子质量。母本去雄一定要做到及时彻底,一般是在雄穗开花前,露出顶叶1/2时用人工将其拔掉,不留下雄穗下部的小分支,并将拔下的雄穗带到隔离区外进行处理,不使其花粉散出。由于植株间生长快慢不同,母本雄穗长出的时间也有差异,要每天拔一次,坚持数日,一直到全田母本雄穗全部去除为止。这里要掌握的原则是一定不让母本雄穗在田间散粉。根据一些单位试验,带顶叶将母本雄穗一次拔除,既可省时间,又不会留下雄穗分枝。试验结果表明,这种做法并不影响种子产量。至此,隔离区内母本所结籽粒全部是由父本授粉而来,自然是杂交种子了。

二、种子加工

1. 晾晒或烘干

种子收获后,先拣去杂穗,然后晒干和脱粒,并使种子水分降到安全含水量14.0%以下,以便安全仓储和运输,保障种子发芽率。

2. 精选

经过晒干的种子还要进行精选,除去杂质和瘪粒、小粒。严格地说,种子应经过长、宽、厚度的筛选,使每粒种子大小一致,特别是使用先进的机械播种时,下种孔盘的大小要与种子大小相适应。

3.包衣

精选后的种子,应当均匀地包一层种衣制剂。种衣制剂中包含杀虫剂、杀菌剂以及微量元素肥料等成分,用以防治地下害虫。经过包衣的种子易于达到苗齐、苗壮、一次全苗,一般可增产玉米 5% ~ 10%,并且至少可以节省 1/3 的用种量。包衣种子受到广大农户的欢迎。经过包衣的种子是有颜色的,一般为红色、绿色、蓝色等。在种子生产地区,用于制种的父母本种子种衣制剂的颜色应有不同,以示区别。种衣制剂有毒,播种时应预防农药中毒,剩余的种子一定不能做鸡、猪饲料。包衣种子不耐储藏,应按销售量加工,购种农户应在当季播种完。种衣制剂内各种成分的比例,可根据用户需要增减。例如,北方干旱地区春播,应增加吸水剂,有利于种子正常发芽出苗;在玉米丝黑穗病发病严重的地区,则应添加防该病的农药。

4.包装

种子是特殊的农用商品,根据市场需求用不同的包装,目前主要采用麻袋和编织袋包装,并已开始用纸箱、牛皮纸袋等包装。为方便用户,可采用不同规格的小包装。包装上应有种子生产销售单位的标志,并附有种子合格证、种子质量标准等,以备购种者参考,也有利于防止假劣种子流入市场。

第二节　玉米地膜覆盖栽培技术

一、选地、留行、配微膜

选择中等肥力以上平地,冬前深耕炕土,预留行配微膜。在武陵山地区,由于玉米多数是与洋芋套作,因此,在播种洋芋时必须有计划地留足玉米空行,提倡"5 尺开厢,洋芋、玉米双套双,双靠拢"的种植方式。薄膜选用:双套双选用 66 cm 宽,0.08 mm 厚的膜,亩用量 3 kg。

二、玉米品种选用抗逆性强、耐湿、高产的杂交种

杂交种要选用适应高寒山区日照少,雨雾重气候特点的组合,如陕单一号、成单 14、雅玉 2 号等中、晚熟种为佳。

三、严格播种质量，保证苗齐、苗全、苗壮

1. 精细整地

播种前将土地欠细整平，清除石块、杂草、前作物残体，做成瓦背形，以利盖膜和玉米秆根系的生长。

2. 施足底肥，科学用肥

亩用腐熟的细渣子肥 1 000 kg，人畜粪 1 000～1 500 kg，过磷酸钙 25 kg，氮素化肥 7.5 kg，草木灰 100～150 kg，均匀地撒施于播种沟内，盖上一层土后再播种。注意种肥隔离，以免烧根，影响出苗。

3. 适时播种，合理密植

地膜玉米的适宜播种期，应比当地露地栽培的常规播种提早 10～15 d。海拔 1 000 m 的地方可在 3 月中旬播种；海拔 1 200 m 的地方可在 3 月下旬—4 月上旬播种；海拔 1 400 m 的地方可在 4 月中旬播种。密度以 3 000～3 500 株/667 m² 为宜。播种前要精选种子，除去霉、烂、虫咬的劣种后留下大小基本一致的种子，经温水浸泡一天后即可播种。

4. 认真盖膜

将厢面理平，略成瓦背形，膜要拉紧、平，膜边要用泥土压在沟内，务必压实压严，紧贴厢面，以达到增温、保温、防止杂草丛生的目的。

5. 做好育苗补栽准备

采用育苗肥球方式，在地膜玉米播种的同时，按大田 15%～20% 的比例，育好一定数量的壮苗作大田补苗之用。

四、及时破膜引苗，加强苗期管理

1. 勤于检查盖膜情况，达到保温效果

播种盖膜后，要防止禽兽损坏地膜，防止雨水冲刷和风吹揭膜，一旦发现问题要立即盖好。

2. 及时认真地破膜引苗

采用刀片或铁丝等工具，在幼苗滚筒或起乌鸦口时破膜引苗，要求及时、细致。切口要小，严防盘芽和烧苗。

3. 及时匀苗、定苗和补苗

当幼苗 3~4 片叶时,应进行匀苗,带土移栽补苗,并分期定苗,保证亩植 3 000~3 500 株。苗期防止地蚕为害。一是人工捕杀;二是药剂防治,可用 90% 敌百虫 0.5 kg,兑水 500 kg,喷杀三龄以下幼虫。

五、加强中后期的田间管理

1. 巧施拔节肥

在植株 11~12 叶拔节时施肥,能达到茎秆粗壮、穗大、粒多的目的。施肥量:亩用尿素 5~7.5 kg,加清粪水 1 000 kg 进行窝施。

2. 重施壮苞肥

壮苞肥又称为施花肥,即在抽穗前 15~20 d 的大喇叭期,每亩用尿素 10~12.5 kg 进行窝施,施后立即培土上行。

3. 抓住大螟、玉米螟、纹枯病、大小斑病为重心的病虫防治工作

(1)大螟防治

一是摘除卵块,即在植株 6~7 叶时,查第 2~3 个叶鞘,若外面出现黄色或红色的斑迹,用手摸到稍稍隆起,那就是卵块,剥开叶鞘摘下,集中处理。二是拔除枯心苗,并同时用敌敌畏 1 200 倍液对全田健壮植株喷撒叶鞘及心叶。

(2)玉米螟的防治

用四六粉—毒土颗粒防治,即用六甲粉 0.5 kg,拌和筛细的土 30 kg,丢入心叶中,每亩用药 2.5~3 kg,便可达到防治效果。

(3)纹枯病的防治

一是注意田间排水,降低湿度,减少发病;二是在发病初期,亩用 5% 井冈霉素 100 g 兑水 60~75 kg 喷雾或用 1∶800 倍退菌特液或 1∶1 500 倍代森锌液喷植株下部叶鞘。

(4)大小斑病的防治

用 40% 异稻瘟净乳剂 600 倍液,或用 40% 克瘟散乳油 1 000 倍液喷雾。在初病期防治,隔 7 d 再防治一次。

4. 隔行去雄,加强人工辅助授粉

雄穗抽出初期,隔行去掉雄花,能减少养料消耗,促进雌穗早现,提高异交结实率。抽去雄花后,可采用人工竹竿赶的方法进行人工辅助授粉。

5. 根外追肥

开花至灌浆期,每亩用磷酸二氢钾 100～150 g 兑水 50 kg,喷施叶面,能防止叶片早衰,达到延长叶功能期、提高产量的目的。

第三节　中、低山区玉米肥球育苗移栽技术

一、选用高产优良的杂交玉米种

品种选用以中熟的中单 306、掖单 13、雅玉 1 号为主,各地也可因地制宜地搭配一定数量的其他优良的中熟杂交良种。

二、全面采用肥球育苗移栽技术

1. 育苗方法

亩用筛细的园子土或岩窝泥或细土杂肥泥 500 kg,加饼肥 20～30 kg,发酵磷肥 15～25 kg,草木灰 100～150 kg,细牛粪堆肥 100～150 kg 混合均匀,再加腐熟的人畜粪水拌和,做到干湿适度,手捏成团,落地能散,做直径为 2～3 寸大小的肥球。每球按下 1 粒经过精选、浸泡了一天的杂交种子,放入苗床内,面上撒上一层细泥土,然后盖上薄膜保温。苗床应有专人管理,见表土发白,应及时洒水护苗,当膜内温度上升到 30 ℃ 以上时,要揭膜护苗,防止高温烧苗,移栽前 2～3 d 采取白天揭膜,晚上盖膜的方法炼苗。

2. 适时播种

一般应比正常露地种植提前 10～15 d 进行育苗,即海拔 800 m 以下的地区,育苗播种期在 3 月上中旬;海拔 800～1 000 m 及其以上地区,育苗播种可安排在 3 月下旬—4 月初。

3. 移栽期

根据品种特性和前作物的熟期,采取分期分级移栽。中熟种宜在 3 叶前完成,迟熟种在 4～5 叶前完成,移栽时做到五要五不要:要阴天或晴天的傍晚栽,不要雨天栽;要大小苗分级栽,不要混合栽;要栽直、栽稳、定向栽,不要随便栽;要窝大底平细土垫底覆根,不要将肥球露出表土;要边栽边淋清粪水,不要打干栽。栽后 5 d,再施一次清粪水。

4.栽植密度

亩栽3 000株,每窝单株。

三、科学用肥,配方施肥

施肥应做到氮、磷、钾配方施肥。除了做肥球和移栽时施足上述肥料外,拔节期亩用尿素5~7.5 kg施穗肥,抽穗前的大喇叭口期,亩用尿素10~12.5 kg重施壮苞肥。

四、加强病虫防治,夺取大面积丰收

影响武陵山地区玉米生产的主要病虫害有地蚕、大螟、玉米螟、纹枯病和大小斑病(防治方法同地膜玉米)。

五、隔行去雄,加强人工辅助授粉

在雄穗抽出1/3的长度之前,除四周不去雄外,每隔一行(或株)去掉雄穗,能减少养料消耗,促进雌穗早现,提高异交结实率,抽去雄穗后,可采用人工用竹竿赶的方法进行人工辅助授粉,能提高产量5%以上。

第四节　紧凑型玉米栽培技术

以株型紧凑为特点的玉米杂交种在我国栽培取得了突破性进展,一季亩产可达1 000 kg以上,对我国玉米生产水平的提高起到重要的推动作用。

一、紧凑型玉米杂交种的特点

紧凑型玉米杂交种,本质上属于玉米理想型杂交种的范畴,它包括形态、生理、生态多种性状的指标,是玉米生理育种和生态育种的综合产物。由于育种过程中已在遗传性方面有若干改进,如叶面积系数指标、群体叶面积立体分布、高抗倒折、抗虫抗病、经济系数指标以及群体与个体的协调性等,因此,紧凑型玉米杂交种是从形态、生理、生态方面与分子生物学相结合,协调个体间的生长竞争矛盾,从而得到群体结构合理、充分利用自然资源,达到优质高产的优良杂交种类型。

紧凑型杂交种具有"源"足、"库"大、"流"强的特点,这是紧凑型玉米高产的生理基础。株型结构的改变,使最大叶面积系数由3.5~4提高到5~6,即使到成熟期,紧凑型玉米的叶面积系数仍然维持在 3.5~4(平展叶型玉米在 2.5 以下),1 亩地可多容纳 1 000~1 300 m² 的叶面积。紧凑型杂交种的光合势也有很大的突破,亩产 750 kg 的紧凑型玉米,全生育期总光合势在 20 万 m²/日以上,平展叶型玉米仅 14~16 m²/日,可见紧凑型玉米能生产大量的有机物质,"源"足。紧凑型玉米密度大,单位面积上的粒数多,"库"大。紧凑型玉米亩粒数高达 250 万~300 万粒,而平展叶型最高仅达 180 万~200 万粒。"流"强表现在经济系数高,经济系数是光合产物转化为经济产量能力的量度,即表示"流"的强弱。平展叶型玉米,一般经济系数为 0.3~0.4,而紧凑型杂交种经济系数都在 0.5 以上,最高达 0.67。这种物质分配中的大幅度变化,充分显示了紧凑型玉米的"流"畅通。从光能利用率的角度看,紧凑型玉米杂交种的源、库、流三者较为协调,是一个较理想、高产的玉米类型。紧凑型玉米大田生长图如图 2 所示。

图 2　紧凑型玉米大田生长图

二、紧凑型玉米杂交种栽培技术要点

1. 因地制宜选用适宜的紧凑型杂交种和高纯度的优质种子

紧凑型玉米杂交种较多,应选用适宜当地生产条件的杂交种,根据武陵山地区自然气候生态条件,海拔 1 300 m 以上的高寒山区不宜选用紧凑型杂交种。肥水条件充足,日照较好的地区,宜选用生育期较长的中、晚熟大穗型紧凑型杂交种,如掖单 13 号、19 号、12 号等,并与地膜覆盖和育苗移栽结合,更能发挥其增产作用。春温回升快、春早不严重的地区,可选用中熟紧凑型杂交种。另外,还必须注意种子纯度。据试验,同种异源杂交种子,每亩产量相差 75~128 kg,紧凑型杂交种要求种子纯度以 98% 为标准,纯度每降低 1%,产量也下降 1%。

2. 增大密度提高叶面积系数

增加密度是发挥紧凑型玉米群体增产潜力的关键。在同等肥力条件下,紧凑型比平展叶型杂交种每亩应增加 1 000~2000 株,抽雄期最大叶面积系数应达 5 以上,增大密度既可

增"源"又可扩大"库",对掖单13号这类紧凑型杂交种的种植密度,每亩3 500～4 500株,每穗保持500粒左右,千粒重300 g,单穗平均重150 g,单产可达500～650 kg。

3. 合理增施肥料

要使紧凑型玉米获取高产,必须树立高投入、高产出、高效益的观点,增加肥料投入尤为重要。施肥原则是有机肥与无机肥相结合,氮、磷、钾肥相结合,大量元素与微量元素相结合,做到全价配方施肥。其中有机肥尤为重要,如与磷、钾化肥拌匀做种肥效果更佳。施肥技术应"一促到底"。紧凑型玉米密度大、产量高,而生育期又有限,必须在施足基肥的基础上,早施苗肥(氮化肥用于种肥和苗肥应占40%),重施穗肥(大喇叭口前期施用约占氮素总量的40%),补施粒肥(在吐丝期施用,约占氮素总量的20%),以保证苗期壮苗早发,后期不脱肥早衰,保叶促源。

4. 保证播种质量,提高群体整齐度

要夺取紧凑型玉米高产,必须做到直播玉米一次全苗。在高密度下易产生大小苗,造成群体不整齐个体不协调。播种时除保证整地质量,掌握土壤墒情,适时播种外,还必须匀播,做到落籽匀、深浅匀,达到苗全、苗齐、苗壮。此外,还应把好定苗关,保留整齐一致的幼苗,以提高单位面积上的有效株数。

5. 适时收获

紧凑型玉米必须适时收获。通常紧凑型杂交种有假熟现象,其茎叶、苞叶变黄,并非成熟的标志,而往往是成熟的开始。一般苞叶发黄后5～7 d,内部籽粒乳线消失,即为收获适期。

第五章 小·麦高产栽培技术

一、精细选地,建立标准化田园

小麦是武陵山地区主要小春作物,为了确保小麦的丰收,必须做到精细整地,排除湿害,建立起耕作层深厚、土壤养分丰富、物理性状良好的标准化田园。田作小麦要做到稻谷散籽放水,谷黄提沟,早放早排,稻谷收获后立即翻铧炕土,并彻底清除稻桩进行烧毁,以减少病虫危害。临播种前采取 4 m 开大厢,2 m 开小厢,做好深沟高厢。要开好四沟,即深挖主沟,沟深 50 cm;开好厢沟,沟深 20 ~ 23.3 cm;理通背沟,沟深 40 cm;疏通边沟,沟深 33 cm。做到沟沟相通,排水通畅,达到明水自排,暗水自降,潜层水滤得干,旁渗水切得断,雨停田干。欠细整平后才播种。

二、选用优良品种,适时播种

在小麦品种的选用上,近几年来小麦增产的成功经验可以证明,选用抗病力强,迟播早熟,秆矮抗倒,穗大粒多的绵阳 15,19,21,48 号等绵阳系统的品种及川育 11、川麦 22、贵农 10 等优良品种,是进一步实现小麦丰收的基础工作之一。为了预防小麦白粉病、赤霉病、纹枯病的危害,要求在播种前必须精选种子,严格地做好种子的翻晒和消毒工作,保证小麦种子的精度和播种质量。种子消毒可采用药剂拌种,即每亩用钼酸铵 10 ~ 15 g,加 15% 的粉锈灵 25 g 拌种 7.5 ~ 9 kg,可防治潜伏在种子内部的赤霉病、根腐病等多种病害,或用 1% 的石灰水浸种,也能达到防治效果。用 1% 的石灰水浸种时,水温 30 ℃时浸 24 h,24 ℃时浸 72 h,浸种时种子厚度不超过 60 cm,水面要高出种子 6.7 ~ 10 cm。注意不要翻动种子,以免弄破水面形成的石灰膜,浸好的种子要摊开晒干。储藏冷凉干燥处,以待播种。小麦适宜播期因海拔不同,时间也有差异。

①海拔 600 m 及其以下的低山河谷区,在立冬左右播种;海拔 600 m 以上至 800 m 的半山地区在 10 月 26—31 日播种为宜;海拔 800 m 以上至 1 000 m 的地区在 10 月中下旬播种为宜。

②海拔 1 000 m 以上高山小麦的适宜播期以海拔 1 000 m 地区的播期作起点,按海拔每

升高 100 m，其安全播期提早 2～3 d 进行推算，可得出当地小麦适宜播期。

三、带状种植，合理密植

为了提高复种指数，实现大、小春粮经作物平衡增产，必须在认真做好小麦预留行规范化的基础上，实行"麦—玉（间黄豆）—苕""麦—烟"为主的带状种植方式。

（1）麦—玉（间黄豆）—苕套作

采用 1.67 m 开厢，先按窝行距 10 cm×23 cm 规格种上 3 行小麦，来年春季再在预留行内套上两行玉米和 1 行黄豆，玉米行距 33.3 cm，退窝 23.3～26.7 cm，单株，亩植 3 000 株。小麦收后，开厢栽两行红苕。

（2）"麦—玉"套作

采用 1.5 m 开厢，小春占地 46.7 cm 种 3 行小麦，预留空行 1.03 m 内套两行肥球玉米，小麦实行 10 cm×23 cm 窝行距，即窝距 10 cm，行距 23 cm 点播，亩植 1～1.3 万窝，每窝种 8～10 粒，亩用种 4.5～5 kg，每亩基本苗 8～10 万株。

（3）"麦—烟"套作

采用 2 m 开厢，小春占地 70 cm 种 4 行小麦，预留行内套栽两行烟，小麦窝行距同上。

（4）稻田种麦

采用 10 cm×23 cm 规格开沟点播，亩植 2.5 万窝，每窝用种 8～10 粒。海拔 1 000 m 以下地区亩用种 8～9 kg，基本苗 14～16 万株；海拔 1 000 m 以上地区，亩用种 9～10 kg，每亩基本苗 15～16 万株。

四、配方施肥，增施钾肥

磷肥不足，偏施氮肥，是小麦生产上普遍存在的弊病。根据小麦生长的需肥规律及肥料的有效性，每生产 100 kg 籽粒，需从土壤中吸收纯氮 3 kg，五氧化二磷 1 kg、氧化钾 3 kg。在中等肥力的土壤上每生产 250 kg 小麦，每亩应施农家肥 1 000～1 500 kg、过磷酸钙 20～25 kg、尿素 15～20 kg、氯化钾 10～15 kg 或草木灰 100～150 kg。

施肥方式采用重施底肥，早施分蘖肥，看前巧施拔节肥、指拔节肥用肥量占生育期用肥的比例分别为 60～70%6、30%、0～10%。磷钾全部做底肥施用。底肥亩用猪粪水 20～30 担、草木灰 150 kg、过磷酸钙 20～25 kg、尿素 8 kg，做到种肥隔离，以促进麦苗早发，形成壮苗。早施追肥，即在二叶一心时亩用尿素 8～10 kg，兑清烘水 20 担淋施，以满足分蘖及幼穗分化所需养分，达到穗大，粒多之目的。拔节肥除旺苗外，每亩用尿素 2.5～3 kg 撒施，以满足茎、叶、穗迅速生长发育的需肥量。

五、加强田间管理，防治病虫草湿害

（一）冬前（拔节期）管理

冬前管理目标是促根、增蘖、培育壮苗。管理措施如下：

①查苗补缺,匀密补稀,保证苗齐、苗全、苗壮。

②早中耕、早施肥。在幼苗二叶一心至3叶期时进行。先中耕后施肥,用量同上。

③防止湿、草害及蚜虫危害。入秋后,进一步理好排水沟,保证排水降湿;分蘖盛期(拔节前一个星期)对麦田进行第二次中耕除草,抑制小蘖发生,并防治好苗期蚜虫,为小麦创造良好的生长环境。

(二)小麦生育中、后期管理

管理目标是巩固有效分蘖,培育壮秆攻大穗,争取粒多,粒重。

管理措施如下:

①看苗追施拔节肥。在拔节期(次年1月上中旬),对弱苗每亩补施速效性氮肥2~3 kg,对长势过旺田块应严格控制肥水,采取深中耕,壮秆防倒。

②清理四沟,排除积水,降低田间湿度,减轻病虫危害,提高成穗率。

③推广叶面追肥,延长叶片功能期,争取粒多、粒重。每亩用磷酸二氢钾100 g或1~2 kg过磷酸钙浸出液,兑水50 kg,或喷施宝一支兑水30 kg叶面进行喷施。

④根据植保情报,加强田间调查,搞好病虫防治。特别是赤霉病、白粉病的防治应以防为主,切实开展统防统治,即在植株破口期和齐穗期分别施药一次,亩用50%的多菌灵和粉锈宁各50 g,兑水60 kg喷雾。

第六章 油菜高产栽培技术

油菜是重要的油料作物,种子含油量占种子干重的 35%～45%。菜油是良好的食用油,含有丰富的脂肪酸和多种维生素。当地栽培面积广。

一、培育壮苗

1.壮苗特征

株型矮健紧凑,叶密集丛生,根茎粗短,无高脚苗、弯脚苗;叶数多,叶大而厚,叶色正常,叶柄粗短;主根粗壮,枝根、细根多;无病虫害;具有品种固有特征。移栽时壮苗要达到绿叶 6～7 片,苗高 20～23 cm,根茎粗 6～7 mm。

2.选用良种

根据当地栽培制度与气候条件,结合当地土壤肥力水平和生产情况,选择抗逆性强、丰产性好的品种,如湘油 11 号等。

3.整好苗床

苗床要选择通风向阳、土壤肥沃疏松、靠近水源的地块,整地精细,苗床整地要求做到"平""细"。

4.适时播种

油菜对播种期的反应非常敏感,决定播种期是栽培油菜的重要问题。油菜发芽出苗和发根长叶,均需要一定的温度条件。发芽适温需要日平均温度 16～22 ℃,幼苗出叶也需要 10～15 ℃以上才能顺利进行。另外,还要保证移栽后至少有 40～50 d 的有效生长期才能越冬。

5.苗床管理

栽前一天应浇透"起身水",便于拔苗、少伤根系。在肥料施用上,掌握"前促、中控、后稳"的原则,在播前施足基肥的基础上,三叶期结合定苗追好苗肥,一般每亩追清水粪20~30担或尿素2~3 kg,促进开叶发苗,移栽前5~6 d 每亩施尿素7.5 kg 做起身肥,有利于栽后早发苗。要及时防治虫害。菜青虫是油菜秧田的主要虫害,要及时用药防治。同时,要清除苗床四周杂草,以减少虫害,移栽前3~4 d 全面用好一次"起身药",以防将害虫带入大田。

二、适时移栽

1.施足基肥

油菜植株高大,需肥量多,应重视基肥的施用。基肥不足,幼苗瘦弱,进而影响植株的生长乃至油菜的经济产量。基肥以有机肥为主,化肥为辅,为油菜一生需肥打好基础。一般每亩施有机肥2 000 kg、45%通用型复合肥25~30 kg 或36%的复合肥(氮磷钾之比为15:10:11) 30~40 kg、硼肥0.5~1 kg。施用方法:结合耕翻整地将有机肥、复合肥与硼肥深施,切忌施肥过浅,以免造成油菜中后期脱肥。

2.适时移栽

合理密植,苗龄30~35 d、绿叶5~6 片、根粗5~6 mm 时,大壮苗带土、带肥、带药移栽,不栽高足苗、弯足苗、瘦弱病害苗,移栽规格50 m×20 cm。每亩定植7 000 株左右,边覆土边移栽,移栽完后及时浇定根水,油菜移栽后3 d 查缺补苗。

三、合理追肥

1.苗肥

早施、勤施苗肥,及时供应油菜苗期所需养分,利用冬前短暂的较高气温,促进油菜的生长,达到壮苗越冬,为油菜高产稳产打下基础。苗肥可分苗前期和苗后期两次追肥。苗前期肥在定苗时或5 片真叶时施用,一般每亩施5~6 kg 尿素,在缺磷钾的土壤中,如基肥未施磷钾肥,应补施磷钾肥;苗后期追肥应视苗情和气候而定。一般每亩施用高氮复合肥8~10 kg。春性强的品种或冬季较温暖的地区宜早施,冬季气温低或三熟油菜区可适当晚施。

2.薹肥

油菜薹期是营养生长和生殖生长并进期,植株迅速抽薹、长枝,叶面积增大,花芽大量分化,是需肥最多的时期,也是增枝增荚的关键时期。要根据底肥、苗肥的施用情况和长势酌情稳施薹肥。若基、苗肥充足,植株生长健壮,可少施或不施薹肥;若基、苗肥不足,有脱肥趋势的应早施薹肥。一般每亩施用高氮复合肥15~20 kg,施肥时间一般以抽薹中期,薹高15~30 cm 为好。长势弱的可在抽薹初期施肥,以免早衰;长势强的可在抽薹后期,薹高

30~50 cm 时追施,以免花期疯长而造成郁闭。

3. 花肥

油菜抽薹后边开花边结荚,种子的粒数和粒重与开花后的营养条件关系密切。对长势旺盛,薹期施肥量大的可以不施或少施;对早熟品种不施,或在始花期少施;花期追肥可以叶面喷施,在开花结实时期喷施 0.1%~0.2% 尿素或 0.2% 磷酸二氢钾。另外,可在苗后期、抽薹期各喷施一次 0.2% 硼砂水溶液,防止出现"花而不实"的现象,提高产量。

四、灌溉与排水

合理灌排是保证油菜高产稳产的重要措施。油菜生育期长,营养体大,枝叶繁茂,结实器官多,一生中需水量较大。油菜产区一般秋、冬、春降雨偏少,土壤干旱,不利于播种出苗和培育壮苗。北方地区冬季干旱,常使冻害加重,造成死苗。南部地区后期雨水偏多,造成渍害或涝害。必须根据油菜的需水特点,因地制宜,及时灌排。

五、科学打尖(打顶)

油菜生长期长,甘蓝型油菜一般 170~230 d、白菜型油菜 150~200 d、芥菜型油菜 160~210 d,油菜移栽后 45~50 d,植株顶端出现花蕾时应适时打尖,促使油菜产生更多粗壮的一次分枝,形成优良的群体结构,获取最佳产量,花蕾要在现蕾之后抽薹之前的缩茎段生长阶段人工摘除,打尖后植株留有 8~9 片叶片。过早,花芽未分化完成,生长量不足,不利油菜生长,过晚,油菜已抽薹,不能形成优良的群体结构,易形成高节位分枝,生长后期易折断倒伏。

六、病虫害防治

危害油菜的病虫害主要有菜青虫、跳甲、蚜虫、棉铃虫等,对菜青虫、跳甲、蚜虫的危害,可用 25% 敌杀死 3 000 倍液或 40% 氧化乐果 1 000 倍液喷雾防治,对棉铃虫危害,在低龄幼虫阶段可亩用保得 40 g 加万灵 20 g 兑水喷雾,每隔 5 d 喷一次,连喷 2~3 次。

七、适时收获

油菜是总状无限花序,角果成熟早迟不一致,应适时收获。收获过早,角果发育不成熟;收获过晚,角果过熟,角壳易炸裂,籽粒散落,造成浪费。角果处于黄熟阶段,即全田植株的角果有 2/3 现黄,是油菜收获的最佳时期,此时收获能获得油菜高含油量和最高产量。

第七章 薯类作物栽培技术

第一节 洋芋规范化高产栽培技术

一、春洋芋规范化栽培技术要点

洋芋又名马铃薯,是武陵山地区主要粮食作物之一,具有高产、早熟、用途多、分布广的特点。多种,种好洋芋对促进农村商品经济的发展,改善人民生活具有极为重大的意义。

1. 精选种薯,实行轮作和间套作

优良种薯是夺取洋芋丰产的基础。为此,要大力推广米拉脱毒洋芋种。当前生产上推广的新芋三号,新芋四号,马尔科、川芋56、克新2号、高原4号等主推品种,由于推广种植多年,已不同程度发生混杂和退化,抗病性减弱,失去了增产潜力,因此,必须认真地做好选种工作,要求选用薯形整齐,且符合该品种性状,无病无伤的健薯做种。同时,提倡低山区的农户到高山地区串换种薯,以提高生产力。

洋芋属于茄科类作物,不宜与同科作物如烟草、辣椒等连作,以防止青枯病、晚疫病、癌肿病、病毒病的危害;也不宜在同一块地连续种植。宜与谷科类作物如玉米、豆类作物进行间、套、轮作。

2. 精细整地,开厢提垄,带状种植,合理密植

洋芋块茎的形成与膨大,需要有深厚、疏松、排水良好且湿润的耕作层。土壤板结,排水不好,不利于块茎膨大,会严重影响洋芋的产量和质量,甚至招来病害。同时,烂薯现象也比较严重。必须做到精细整地,实行开厢提垄,带状种植不走样。规格要求如下:

（1）旱地套作

采用 1.5 m 开厢，洋芋-玉米双套双、双靠垄模式。先种洋芋行距 26.6~33.3 cm，株距 23.3~26.6 cm，亩栽 3 000 窝，每窝播种薯一块，定苗两株，亩植 6 000 株。预留空行 66.67 cm 内，来年套栽两行肥球玉米。

（2）稻田净作

采用行窝距 50 cm×26.67 cm 规格，提埂种植，亩植 5 000 窝，每窝播种薯 1 块，定植两株，亩植 10 000 株。

3. 施足底肥，增施磷、钾肥，适时早播

洋芋一生对钾的需求量最多，氮、磷次之，提倡重施底肥，增施磷、钾肥。底肥用量占总施肥量 60%~70% 为宜，一般亩施腐熟的堆沤肥 1 500~3 000 kg、过磷酸钙 15~25 kg、草木灰 100~150 kg，结合开厢深施。栽种时，还应施人畜粪水 1 000~1 500 kg，做到肥料三要素合理施用，可获得 1 500 kg/667 m² 以上的产量。

春洋芋播种期应掌握的原则是，保证洋芋出苗后的安全生长期有 100~120 d，力争在高温天气到来之前完成块茎膨大及干物质积累，才可获得好产量。为此，春播洋芋当表土层 10 cm 深度的温度达 6~7 ℃时即可播种。播种时间一般在 12 月下旬；海拔 600 m 以下低平地区在大寒至立春播种；海拔 1 200 m 以上的高寒山区，可以在开年化冻后抢时播种。

4. 做好"三早、一抓"的田间管理

（1）早施追肥

在洋芋幼苗出土齐苗前，亩用清粪水 1 000 kg，加入尿素 7.5~10 kg 施芽苗肥，有利于幼苗苗壮成长、匍匐茎的迅速伸长和块茎的形成。现蕾期增施结薯肥，钾肥为主，亩用商品钾肥（严禁施用氯化钾）7.5~10 kg 深施，并结合中耕培土。盛花期可以用喷施宝 1 支，兑清水 30 kg 进行叶面喷雾，以防止叶片早衰，提高光合生产率。

（2）早中耕、培土

幼苗出土 6~10 cm 时进行第一次中耕，深度 10 cm；现蕾时进行第二次中耕，宜浅，并结合培土进行。

（3）早匀苗、定苗

苗齐后及时匀苗、定苗，每窝留苗两株。

（4）抓好病虫害的防治

危害洋芋生产的主要病虫害有病毒病、晚疫病和 28 星瓢虫。对病害的防治除了选用无病毒种薯做种和实行轮作外，田间管理主要采取理好厢沟，排除湿害，减少发病，并加强田间调查等措施。一旦发现中心病团，应立即拔出病株销毁，并对全田健壮植株进行喷药保护。喷射 1∶1∶100 倍的波尔多液（0.5 kg 硫酸铜、0.5 kg 石灰、50 kg 水调制而成），或用 1 000 倍的硫酸铜液，均可达到预防效果。对 28 星瓢虫的防治，采用敌百虫 1 000 倍液，或其他的内吸或触杀的杀虫剂进行防治。

二、秋洋芋丰产栽培技术

秋洋芋生育期短,适应性较强,在武陵山地区的平坝丘陵或中低山区均可种植,主要技术要点如下:

(1)选用良种,适时播种

秋洋芋生育期短,一般只有 80~90 d。其抗性强,应选用早熟高产的川芋 56、米拉、万薯4 号等品种做种。播种时,正值高温高湿季节,常受烈日暴雨影响,过早栽培易造成烂种缺苗;过迟栽培,生长期缩短,产量不高。要重点抓好适时播种,保全苗。鉴于洋芋性喜凉爽气候条件,播种期一般以日平均气温稳定在 25 ℃ 以下为好。概括各地经验,无论是薯-玉,还是麦-玉-薯、麦-稻-薯等种植形式,中低山区在处暑前后,平坝丘陵在白露前后播种较为适宜。在上述播种期范围内,在前作收割后,做到边整地边开厢,趁土湿润,抢时播种。水稻田必须实行深沟高厢,排水防渍,减轻湿害。

(2)催芽处理,带芽播种

带芽播种是促进秋洋芋出早苗,出苗整齐,争取多结薯、结大薯的关键技术措施。洋芋一般有 2~3 个月的休眠期,要根据不同情况进行种薯处理。平坝区自留春洋芋做秋洋芋种薯时,气温适宜,播种时多数已发芽,已顺利通过休眠期,不必进行催芽处理。半山以上地带,自留春洋芋做秋洋芋种薯,气温不足 18~20 ℃,未通过休眠期,直接播栽,不易发芽。播前必须进行催芽处理,才能保证全苗。半山以上从平坝调入春洋芋做种或用隔年薯作种,已通过休眠期,不必进行催芽处理。根据各地经验,对没有通过休眠期的种薯可用"920""高锰酸钾""石灰水"浸种催芽,或在播前 10~15 d 在室内用河沙保湿催芽。

(3)作垄种植,增加密度

选择地势较高、排水良好的地块作垄种植,如稻田要高厢深沟,排水防涝,防止烂种死苗。播种遇干旱,用清粪水淋窝,早晚播种,防止烧芽。秋洋芋生育期短,种植密度应比春洋芋大。一般净作秋洋芋以 0.85 m 开厢种双行,窝距 0.25 m,亩植 6 000~7 000 窝,每窝下种约 30 g 的整薯 1 个为宜。

(4)增施肥料,及早管理

重施底肥,早施苗肥,增施磷、钾肥。播种时亩施农家肥 1 000~1 500 kg,草木灰 100 kg,磷肥 20~30 kg 做底肥。当出苗 70% 左右时,用人畜粪或氮素化肥进行追肥提苗。苗高15 cm 后开始中耕培土,以利排水降温。有条件的地方用 0.1% 的磷酸二氢钾喷施 1~2 次,促进块茎膨大。生育前期要注意抗旱保芽,大雨后要及时浅中耕松土,防止土壤板结,促使根深叶茂。后期认真治理晚疫病,做到多种多收。

第二节　红苕栽培技术

红苕又称甘薯,是武陵山地区主要粮食作物之一,也是发展养猪业的良好饲料。努力发展红苕生产,对稳粮增收意义重大。

一、选用良种,大力种植徐薯18、南薯88

当前红苕主栽品种,应以徐薯18、南薯88、川薯27为主。应选用薯形整齐、无病、无伤的中等薯块作种,为夺取高产打下基础。

二、适时早畲稀畲,保温培育壮苗

1.选好苗床,适时早畲

苗床地应选择背风向阳、地势平坦、土层肥沃、耕层深厚、管理方便的地块。

畲种适期:700 m以下地区在3月上中旬,700 m以下地区在3月下旬—4月上旬。

稀畲匀畲:一般采取5尺开厢,厢面宽4尺,厢沟深7~8寸,长短根据地形及需要而定。每厢畲种4行,行距1尺,窝距5~6寸。种薯头部和背面朝上,施足清粪水,再盖上一层薄土,厚度以不见种薯为准。

2.盖膜保温增温,加强苗床管理,培育壮苗

畲种后,厢面上拱盖农膜,能增加床内积温,促使苕苗早生快发,防止"倒春寒"损伤苕苗,为培育壮苗打下基础。

3.苗床管理

(1)畲种至齐苗期

以催为主,一般不揭膜,使床温保持在32~35 ℃,湿度保持在85%左右。如发现表土发白,应酌情泼施清粪水,以补充水分不足。若遇气温持续陡降,要及时加盖草帘御寒。

(2)苗齐至剪苗期

以催为主,边催苗边炼苗,使床温保持在24~28 ℃,并随苕苗生长逐渐增加补水量。当苗高达8寸以后,以炼苗为主,减少浇水量,将床温保持在20 ℃左右,并适当揭膜,让苕苗逐渐接受光照。炼苗3 d后即可剪苗移栽大田。

4. 积极推广"肥球催根"技术

红苕"肥球催根"技术具有抗旱早栽、成活率高、提高单产等优点。其做法是：在红苕移栽前 7 d，从苕母地采集壮苗，剪成有 5 ~ 6 节的插条，将基部两个节用营养土包成鹅蛋大的肥球，排于苗床内，盖上地膜保温。苗床管理与苕母地相同。当肥球表面露出白根时，即可栽入大田。其营养土配方与肥球玉米相同。

三、开厢提垲，合理套作，壮苗早栽，浅栽平插

红苕是块根作物，土层深厚、土质疏松、通气良好、昼夜温差大等环境条件有利于块根的形成和膨大，可提高其产量。要大力推广普及开厢提垲栽插技术。凡土层深厚的大平土，缓坡土净作可按 3.5 尺①开厢，沟深 8 寸，厢面宽 3 尺，栽双行。窄行行距 1 ~ 1.2 尺，窝距 0.9尺，亩植 3 500 ~ 4 000 窝。采用 5 尺开厢间套作模式的，小春收获后，及时在 2.5 尺的空行内提垲，套栽两行红苕。红苕行距 1 尺，株距 0.7 ~ 0.8 尺，亩植 3 000 ~ 3 500 株。

栽插时，做到壮苗早栽，浅栽平插。当气温稳定在 15 ℃ 时即可栽插，抓紧季节，选壮苗高剪，浅栽平插于厢面下 2 ~ 3 寸②土层中，力争在夏至前栽插结束。

四、重施底肥，增施磷肥，科学管理，确保丰收

红苕是喜钾作物，一生中对钾素需要量最多，氮素次之，磷素较少，N，P，K 三要素需要量比例为 2∶1∶3。藤叶生长对氮素需要量大，块茎膨大对钾素需要量大，必须重施底肥，增施钾肥。底肥施用量应占总施肥量的 60% ~ 80%，要求亩施牛圈沤肥 1 500 ~ 2 000 kg，磷肥10 ~ 15 kg，集中深施，施肥方法可采用条施、窝施或包厢深施。其中，以包厢深施为佳，即在开厢时，把肥料施于厢内，盖上土后才栽培。在大田管理中，主要在以下三个阶段进行。

1. 前期（从栽插到茎叶封厢）

这个时期要注意查苗补苗，保证全苗，成活后（一般栽后 10 ~ 20 d）应立即追肥、中耕和锄草。第一次追肥以速效性氮肥为主，一般亩用清粪水 20 ~ 30 担加尿素 2.5 ~ 5 kg 提苗，引发长根，促藤蔓长。结合中耕锄草，适时做好培土工作。

2. 中期（封厢至茎叶生长高峰）

这个时期主要施足块茎膨大肥。在栽后 50 ~ 70 d，在厢的一侧或两侧挖 2 ~ 3 寸的沟，暴晒短时间后施入以钾肥为主的肥料。可亩用渣子粪 20 ~ 30 担加 50 kg 草木灰或商品钾肥10 kg。施后掩盖好肥料，认真培土。为了防止苕藤节间不定根的生长，对藤叶生长过旺的可

---

① 1 尺≈33.33 厘米。
② 1 寸≈3.33 厘米。

提倡"提藤"技术,代替过去的"翻苕藤",其增产效果更大。

3.后期

这个时期可进行根外追肥。在收前 30 ~ 50 d 内,在晴天下午用 2% 过磷酸钙液加 5% ~ 10% 的过滤草木灰水溶液,每亩喷施 75 ~ 100 kg,能起到防止叶片早衰,防徒长,加速块跟膨大效果,或亩用喷施宝一支(5 mL)兑水 60 kg 进行叶面喷施,也能达到上述目的,确保红苕丰收。

五、适时采收,安全储藏

在霜降以后,当气温下降到 15 ℃左右时,藤叶翻黄,红苕已经停止生长,进入成熟期。应选晴天抢时收挖,防止霜冻,拣出病、虫、烂、伤苕,妥善储藏。

第八章　烟草栽培及烘烤技术

武陵山地区烟草栽培历史悠久,是高海拔山地农民的主要经济收入来源。烟草栽培成了一些地方的支柱产业。

第一节　烟草育苗

烟草种子细小,苗床期要精细管理,提高烟苗素质。育苗要求以"壮"为核心,做到壮、足、适、齐,壮苗的标准是根、茎、叶结构合理,侧根多,根系发达,生命力强;叶色正常,叶片大小适中,移栽时有 8 ~ 12 片叶;幼茎粗壮,苗高适中;单株干重高;无病虫。壮苗比弱苗可增产 15% ~ 30%,增质 5% ~ 20%,育苗数量要充足,留有余地,与移栽季节吻合,满足不同茬口的移栽适期;烟苗大小整齐一致。

一、育苗方式和苗床管理

育苗方式有露地育苗和保温育苗两种。露地育苗多在气候温暖地区使用,覆盖物有松毛、杉枝、草帘等,直接或搭棚架覆盖。保温育苗覆盖物用塑料薄膜,扎成高 40 ~ 45 cm 的圆拱形棚架,可使种子发芽快,出苗率高,幼苗生长迅速、健壮,45 ~ 60 d 成苗。烟草幼苗喜温、喜肥、怕涝、易感病虫,对土壤要求严格。苗床要背风向阳,地势平坦、干燥,土壤肥沃,土质疏松,结构良好,靠近水源。蔬菜地或种过茄科植物的地,不能作苗床,以免病虫传播。苗床与大田面积的比例,按 1 个标准厢(10 m 长,1 m 宽)移栽 667 m² 大田计算。假植育苗667 m² 大田需母床(直接播种的苗床)2.5 ~ 3.5 m²。苗床整地的质量,直接关系幼苗生长,靠地表的根系活动层,要"松而不空,肥而不暴,土肥相融、三相(固、液、气)协调",满足烟苗对水、肥、气、热的要求,苗床需及早翻犁炕晒,细碎土块,平整厢面,耕层不宜过深,上松下实,必要时可用柴草熏烧或用药剂进行土壤消毒,以减少病菌虫卵。结合整地施用基肥,每标准厢施用充分腐熟的优质厩肥或猪粪水 100～150 kg,过磷酸钙 1 kg 左右,复合肥 1.5～2 kg。有条件的地方施草木灰或火灰以防土壤板结。苗床形式有高厢(厢面高于地面)和平厢(四周作埂,厢面近平地面)。平厢保温、保湿、保肥效果好,但在排水不良和苗期多雨地以高厢为宜。

二、烟草播种

根据当地情况,选用品质优良、产量适宜、抗性强的优良品种。目前生产上推广的良种适宜南方烟区的有红花大金元、NC82、MC89、K328、G70、永定 1 号等。播种前应进行种子精选、消毒和催芽,消毒前将种子浸湿揉搓,然后置于 1%～2% 硫酸铜溶液,或 2% 福尔马林溶液,或 0.1% 硝酸银溶液中,浸泡 10～15 min。浸后冲洗干净药液,供播种或催芽用。催芽方法是将精选后的种子,放入清水中浸 10～12 h,待种子吸胀后,置于 25～28 ℃的温度条件下催芽,保持种子湿润和经常翻动,待芽长到与种子近长,就可播种了。播种期依据移栽期、气候条件和育苗方式而决定。通常用移栽期减去苗床期的日数来推算。

南方烟区自然条件复杂、种植制度差异较大,春烟的播种期多在 1 月下旬—3 月中旬;夏烟 3 月中旬至 4 月上旬;秋烟 7 月下旬至 8 月上旬;冬烟 9 月份播种。为了培育壮苗,要稀播和匀播,发芽率达 90% 以上的种子,一标准厢播 2～3 g,育苗水平高的播 1.5 g。可根据各地的实际采用撒播、条播、点播或水播。

三、苗床管理

1. 覆盖物管理

露地育苗的覆盖物根据所用材料,待出苗后先厚后薄,渐渐揭除,到 4～5 真叶揭完。保温育苗在十字期前薄密封,保温保湿,膜内温度控制在 10～30 ℃范围,达 30 ℃以上需及时揭膜通风降温,防止高温伤苗。生根后期逐渐揭膜炼苗,先两头后两边,最后选择阴天全部揭除,以提高烟苗素质和适应外界环境。

2. 苗床供水

播种前苗床底水要充足,出苗期间经常保持田可持水量的 80%～90%,十字期仍需保持湿润,但又要疏松透气,要勤浇轻浇,不渍水。生根期后逐渐控水壮根,间隔供水。成苗期吸收机能增强,水分过多易引起茎叶徒长,一般不旱不浇。

3. 苗床施肥

苗床肥料以施足底肥为主,追肥通常在 4～7 真叶进行。追肥 1～2 次,提苗助长。用猪粪水须先淡后浓,复合化肥浓度 1% 左右,追肥后用清水冲淋。成苗期视苗情酌定。

4. 间苗除草

间苗是培育壮苗的重要措施。掌握早间、勤间、匀留苗的原则。两片真叶时间去过密苗;4 片真叶时间去过大过小苗、病弱或杂苗。苗距 2 ~ 3 cm,5 片真叶时定苗或假植,保留大小适中无病壮苗。间苗应结合浇水,以免松动株根系。每次间苗同时拔除杂草。

5. 防治病虫

苗期害虫主要有小地老虎、蛞蝓、蝼蛄、黄蚂蚁等,用农业防治,毒饵诱杀,或药剂喷洒。病害有炭疽病、猝倒病、立枯病等,用波尔多液、炭疽福美、克菌丹等防治。

四、假植育苗

假植的方法有很多,如营养袋(钵)、稻草圈、营养块、假植床、沙铺底干切块假植等。假植营养土要肥沃,施优质肥料,使养分充足。近年有的烟区,采用蒸气消毒营养土,用 84 ℃以上的湿热蒸气蒸营养土 10 min,防治病毒效果较好,还能杀病菌虫卵。假植苗以 4 ~ 6 真叶为宜。假植期 20 d 左右,假植后覆盖遮阴、浇水,成活后追肥、炼苗,与母床管理相同。667 m² 大田假植床 7 ~ 11 m²。

第二节　烟草的大田管理

一、烟草移栽

1. 密度与栽植方式

栽植密度对烟叶产量和品质影响很大。密度过大,则根系发育差,茎秆细,节间长,叶片小而薄,单叶重下降,现蕾期推迟,叶片早熟。密度过稀,则植株高大,叶片繁茂,叶厚色深,易引起徒长。密度过大过小,上等烟比例都不高,化学组分不协调。总氮、蛋白质、烟碱等含量随密度的增加或留叶数的增加多呈递减趋势,目前烟草种植密度为行距 120 cm,株距 50 cm,单行起垄,每亩栽 1 100 株烟。按此要求拉线打窝。做到横看、竖看、斜看一条线。

2. 移栽技术

移栽期,在 4 月下旬—5 月上旬,同一片地要求集中移栽。移栽时选均匀一致的壮苗移

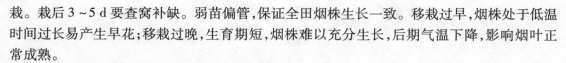

栽。栽后3~5 d要查窝补缺。弱苗偏管,保证全田烟株生长一致。移栽过早,烟株处于低温时间过长易产生早花;移栽过晚,生育期短,烟株难以充分生长,后期气温下降,影响烟叶正常成熟。

移栽前深耕22~25 cm,细整,使土壤疏松,拉线理好烟墒,拉线打窝。移栽时应做到施好肥,带药移栽,细土壅根,浇足定根水,以提高移栽成活率。

地膜覆盖栽烟可增温保温,保肥保水,减少病虫草危害。移栽时按密度要求的株距挖穴、浇水、栽烟,用细土把烟苗周围的薄膜孔部压实封严。栽后一般不再进行追肥、中耕、培土管理,但要做好病虫害防治和打顶除芽。同时,应适时揭膜。地力差,施肥不足,后期少雨又无法灌溉时,揭膜宜早;相反,土壤肥力高,后期雨天多的地区,揭膜宜晚。

二、烟草施肥

(一)烟草需肥特点

烟草在移栽初期,烟株对氮、磷、钾各种养分的吸收都很少,随着时间的推移,吸收速率逐渐加大,在移栽1个月后开始急剧增加,并在移栽后约55 d达到最大,然后又快速下降,其中以氮素下降最快,钾素次之,磷在整个生育期的变化比较平稳。要特别注意这段时期养分的充分供应,以满足烟草的需求,并在栽后30~75 d注意及时灌溉,保证充足的水分,以水调肥,促进养分的吸收,促进叶片的充分展开,以便叶片正常落黄与成熟,最终得到厚薄适中的烟叶。如果养分充足,使得叶片细胞分化较多,但水分不足使得细胞不能充分展开,最后导致叶片过厚,成熟缓慢,烤后烟叶品质下降。

(二)烤烟施肥的基本原则

要根据品种特性、土壤肥力、肥料性质、生育期内温度、降雨等状况正确地施肥,要以获得烟叶的优质适产为依据来确定适宜的氮素用量,氮、磷、钾比例,肥料种类及基肥追肥用量和施肥方法。

1.养分平衡原则

烟草必需的16种营养元素之间存在着平衡的比例关系。例如,在烟叶成熟过程中出现失绿、发白的现象,是烟株镁元素失调造成的,要进行施肥补充。

2.因土肥原则

土壤种类不同导致土壤养分含量、供肥性能和养分利用率有很大差异,不同的土壤条件需要不同的施肥与栽培措施与之相适应。

3.因品种施肥原则

不同烤烟品种对土和肥料养分的吸收和利用有很大差别。红大的肥料利用率高,K326

的肥料利用率较低。在一定条件下,品种对肥料需求的差异是决定施肥量多少的主要依据。

4. 因气候施肥原则

气候条件主要是指当年烤烟大田期雨水的多少和气温的高低。雨水多,肥料流失大,气温相应降低,肥料利用率下降,肥料用量尤其是氮肥要适当增加;反之,要适当减少。

5. 最大效益原则

施肥的目的是提高烟叶产量、质量和施肥效益。在一定范围内,产量、质量随施肥量的增加而提高,达到某一施肥量时,产值减去肥料成本即施肥效益最高;当施肥量增加到一定程度后,产量、质量并不相应增加,如果再增施肥,产量、质量还会下降,甚至对烟株产生毒害。

(三)施肥方法与时期

掌握恰当的施肥方法与时期可以提高烟叶产量、质量和肥料利用率。在实际生产中,多数采用基肥和追肥相结合的方法,重施基肥,把肥料总量的 2/3 或更多当做基肥,其余做追肥。追肥分两次进行:第一次在栽后 10～16 d 结合中耕除草施用;第二次在团棵培土时施用。移栽后 30 d 内施完,如 30 d 后还追肥,则后期烟株贪青晚熟不落黄。施肥方法应注意以下 3 个问题:

①复合肥和硫酸钾应根据地下水位和地力高低而定,提倡少施或不施窝肥(土壤肥力低则少施,土壤肥力高则不施),重环状定位施肥或追肥(地下水位低则重环状定位施肥,如地烟山地烟,地下水位高则重追肥,如田烟)。

②普钙和钙镁磷肥适宜条施,即在理墒前均匀撒施于烟墒底部,可以提高肥效。钙镁磷肥属于碱性肥料,不宜与复合肥或硫酸钾等酸性肥料混合施用,以免降低肥效,钙镁磷肥在酸性土壤上用效果较好。

③要防止肥料与烟根直接接触,肥料离烟株 10～15 cm,以免烧苗。

三、大田管理

1. 查苗补缺,促小控大

移栽后要浇水补苗和查苗补苗,补栽时穴内可施少量复合肥或速效氮肥,并施毒饵。促小苗控大苗,使全田生长一致,达到苗全、苗齐、苗壮。

2. 中耕培土

烟草中耕一般 2～3 次,结合除草。第一次在栽后 7～10 d,浅锄,不翻土,不动根,不盖苗。第二次在栽后 15～20 d,窝内稍浅,6～7 cm 深,株间稍深,10 cm 左右,除去杂草。第三次在栽后25～30 d 内,结合最后一次追肥和培土,此时根系已很发达,中耕宜浅。培土可结合中耕除草进行,培土后墙高达40～45 cm,才能起到培土的作用。如果只进行一次大培土,则在栽后25～30 d 进行。大培土过早或过迟,都会影响烟株生长。

3.灌溉和排水

南方烟区雨量充沛,但也时有干旱,如果表层土壤干到田间最大持水量的60%以下,早晨地面不回潮,白天叶片萎蔫,傍晚尚不能恢复,表明需要灌溉。灌溉以傍晚或夜晚为宜。移栽时要浇足水,一般每穴灌1.5～2 kg 水。穴灌(株灌)或沟灌,切忌漫灌、淹灌。烟草相对耐旱不耐涝,田间不能积水。

4.封顶打杈

（1）封顶

视烟株长势,采取现蕾打顶和现花打顶两种方法,留足叶片数,打去花杈部分。

（2）打杈

打去长5 cm 以上的腋芽,用化学药剂进行涂抹或淋株至烟株1/3 处,化学抑芽必须达90%以上。

5.田间卫生

保持田间卫生,做到墙无杂草、沟无积水、无药袋药瓶、无废膜、无花无杈、无废叶。

第三节　烟叶的采收及烘烤

一、烟叶工艺成熟的特征

烟叶工艺成熟的主要特征为叶色由绿色变黄绿色,厚叶可呈现黄斑;叶面茸毛脱落,有光泽;茎叶角度增大,叶尖下垂;主脉变白发亮,脆而易断。成熟特征还因品种、部位、栽培、环境等不同而有差异,应根据特征结合具体情况适时采收。对不退膘或不能适时成熟的烟叶,可用乙烯利500～1 000×10^{-6} 喷洒促熟。

二、烟叶采收

烟叶应在工艺成熟期采收,采叶应掌握"多熟多采,少熟少采,生叶不采,熟叶不丢"的原则。一般下部叶每次采收 2~3 片;中上部叶每次采收 3~4 片。较薄的叶片成熟快,易变黄,具成熟特征即可采收;较厚的叶片成熟慢,成熟期长,待充分成熟再采收。为操作方便,通常上午采收。连续雨天,须在雨停后 1~2 d 采收,以减少叶片水分含量。采叶要避免折断叶柄和撕下茎皮,采收数量应与烤房容量一致。

三、烘烤技术

1. 变黄期

变黄期的目的是使烟叶在低温高湿条件下进行生理生化变化,并失去一部分水分,促进烟色由绿色转变为黄色。根据烟叶变黄程度对温湿度的要求,变黄期分为变黄前期、变黄中期和变黄后期。变黄前期,点火后关闭天窗地洞,经 3~4 h,二层温度升至 32~35 ℃,干湿球温差 1~2 ℃,待二层大部分烟叶变软,叶尖变黄。变黄中期,温度升至 36~38 ℃,暂停升温,待二层烟叶变黄仅烟筋部分为绿色,不达变黄要求升温,防止温度突然升高,烤成青尖或青烟。干湿球差 3~4 ℃,天窗地洞关闭,若干湿球差小于 3 ℃,可小开天窗。二层烟叶的变化达到黄片青筋。变黄后期,以 2 h 升温 1 ℃ 的速度,从 38 ℃ 升到 42 ℃ 使烟叶完全变黄,开始勾尖温度才能超过 42 ℃。干湿球差 4~5 ℃。关闭或小开天窗地洞。二层烟叶的变化主脉褪绿,烟叶达到变黄要求时,要及时转入定色期。总之,变黄期以低温高湿条件维持细胞内生物化学变化,达到叶片凋萎变黄,防止青烟和硬黄,使叶内物质的转化和分解达到品质的要求。

2. 定色期

转入定色期后,既要使已经变黄的烟叶失水干燥,又要使尚未黄的烟叶继续变黄。升温的原则是稳步升温,不能过急,避免变黄的烟叶又回青,同时要严防掉温,达到边变黄、边排湿、边干燥。定色前期每小时升温 0.5 ℃,升到 48 ℃,稳定此温度到二层烟叶卷边打筒,中、上层烟叶完全变黄时结束。定色后期每小时升温 1 ℃,至 52~55 ℃,湿球温度稳定保持在 37~39 ℃,逐渐开大进风洞和排气窗。开启的大小,要以保持湿球的温度为准。如果湿球温度高于 39 ℃,要加快排湿,防止蒸片。低于 37 ℃,要控制排湿,到全炉烟叶勾尖、卷边至半卷筒转入干筋期。定色期是以提高温度,降低湿度,逐步终止烟叶物质的变化和叶片干燥。升温的速度和排湿的速度要一致,否则会出现青、黄片青筋、挂灰、蒸片和糊片等。

3. 干筋期

每小时升温 2 ℃ 左右,将温度升到 67 ℃,保持这个温度,将烟筋烤干。60 ℃ 以前,湿球温度不得超过 41 ℃,60 ℃ 以后,湿球温度不能超过 43 ℃,干湿球温差逐渐达到 16 ℃ 以上。干筋期间温度不能过高或下降,以免出现烤红或泅片(筋)。随着温度的升高,进风洞和排气窗逐渐关小。主脉全部干燥才能停火,防止造成"活筋"。为了节省燃料,在顶层烟叶的主脉只有 2 m 左右未干时,可停止加煤,利用余热,使烟筋全干。

此外,对非正常烟叶的烘烤,要根据其特性进行适当处理,才能将烟叶烤好。对含水量过多的烟叶,编烟和装烟都要适当稀些,变黄期起火温度稍高,升温稍快,待排出一部分水分,叶片凋萎后转入正常烘烤,并注意定色期升温不要太快,干筋期不耐高温。对含水量少或逼熟的烟叶,变黄期升温稍慢,使未完全变黄的烟叶继续变黄并及时定色。对叶片厚,变黄慢,水分不易排出的,要保湿变黄,且变黄时间可以稍长,定色期升温要慢,使烟叶中不易排出的水分缓慢排出,边排湿边干燥,到二层叶片勾尖卷边时再转入正常烘烤。

4.烤后处理

(1)回潮

烤后烟叶含水量约3%~5%,容易破碎,需要吸湿回潮。一般在停火后敞开门窗,使烟叶吸湿回软,再取出烟竿平铺在地上凉棚架上。回潮后解竿捆成小捆,堆放在清洁、干燥、避风、不漏雨的地方,并遮盖严实,避免光线使烟叶褪色,经常检查,防止发热霉变。经过堆积可以改善颜色,使烟味醇和,香气增加,提高品质。

(2)分级扎把

分级扎把是指将不同质量的烟叶,根据国家标准分成若干等级,使品质标准化,便于收购、外销和加工利用。分级依据部位、颜色及成熟度、身份、叶片结构、色泽等品质因素。现执行的是烤烟国家分级标准40级制。分级后将各级烟叶扎成小把,用同级烟叶绑紧把柄。严禁混级。

第九章　其他经济作物栽培技术

第一节　地牯牛栽培技术

　　地牯牛（武陵山地区名称）又名草食蚕、宝塔菜、甘露儿、螺狮菜等，多年生草本植物，属唇形科水苏属中能形成块茎的栽培种，原产于东亚。著名产地有江苏扬州、河南偃师、湖北荆门和重庆黔江区等。地牯牛以块茎供食用，其肉质脆嫩，具有润肺益肾、滋阴补血的功能，可治疗气喘、肺虚咳嗽、肾虚腰疼、淋巴结核、肺结核、咳血等疾病。每百克食用部分含有蛋白质 2.2～5.5 g、脂肪 0.3 g、糖类 17～20.3 g、维生素 A 5 个国际单位、维生素 B_1 0.2 mg、维生素 B_2 0.1 mg、维生素 C 6 mg、钙 32 mg、磷 88 mg、铁 0.6 mg。地牯牛的腌制品是扬州酱菜中的上品，闻名中外。

一、特征特性

　　根长 10 cm，多数分布在表土层内。地上茎方形直立，上有刺毛，接近地面的各个节上都着生不定根。株高 50～60 cm，地上茎的下部近地面处易生侧枝。根状茎匍匐，其上密集须根及在顶端有患球状肥大块茎的横走小根状茎。

　　叶对生，叶卵形至长卵形，叶片先端尖，叶缘钝锯齿状，略带紫红色，叶柄短或无叶柄。花无柄或具短柄，花冠白色或淡紫色，夏秋开花。果实为小坚果，含种子 1 粒，无胚乳，黑色，卵圆形或长卵圆形。

　　地牯牛为短日照作物，喜温暖潮湿气候，不耐高温和干旱，宜在无霜期栽培。越冬的地下茎，于 3 月下旬当土壤温度为 8 ℃左右时开始萌芽，"清明"前后出土。当气温为 20～24 ℃时，生长旺盛。8—9 月，气温稳定在 28 ℃左右，植株开花并抽生匍匐茎。以后，地上部分生长逐渐缓慢，而匍匐茎先端数节开始膨大形成块茎。10 月份食用部分已充分长大，11

月份以后地上部分枯死。

二、土地整理

栽培土质以肥沃之砂质土壤为佳,排水需良好,滞水不退易腐烂。地牯牛在土地的整理和土壤需求方面不是很严格,正常的种植处理即可。翻土整壤,将土块捣碎,以松软的土壤为佳,再加入肥料进行育土,添加的肥料以农家类肥混合草木灰之类的肥料为佳,土壤肥力更强。进行分块处理,每块的宽度控制在 1 ~ 1.2 m,中间间隔 20 cm 的排水沟,呈长方形分布,土地整理基本完成。

三、栽培要点

1. 整地施基肥

种植前施厩肥 1 500 ~ 2 000 kg,将肥料翻入土中,作宽 2.6 m 的畦,开好田地周围排水沟。

2. 栽培方式及季节

地牯牛生长期较长,从种到收长达 270 d。可以连作,但年限不能过长,一般为 2 ~ 3 年。地牯牛可以和丝瓜及玉米间作,可充分利用光能,同时适当遮阴,减少水分蒸发,有较好的增产效果。通常在早春栽植,当年冬季即可采收。

3. 栽植

以块茎繁殖,一般在冬霜前后植,株距 20 ~ 25 cm,每穴种 1 ~ 2 个块茎,有分枝的块茎,可一分为二栽植,行距 25 ~ 30 cm,每亩种量 15 ~ 25 kg,栽后 20 ~ 30 d 萌芽。

四、田间管理

地牯牛的肥水要求不高,需要追肥施水的次数不是很多,要注意除草。定植后需要施放幼苗肥水,后期则控制在一个月浇水 1 次,一个半月施肥 1 次,如果长势不好,时间可以适当提前。中间除草要频繁,控制在两个月除草 3 次即可,主要针对一些大型的杂草。生长期如果干旱时间较长则还需要进行松土处理,并且浇水要浇透。

五、病虫害防治

由于地牯牛的枝叶比较受虫子喜爱,所以其虫害相对会频繁一些。比较常见的虫害是蝇科、蚜虫这类的生物。地牯牛虫害发生时比较难以发现,种植户要多注意地牯牛的生长变化,进行针对性的检查。哒螨灵乳或扫螨净之类的药剂对地牯牛的虫害有一定的效果。腐根病、霜霉病也是比较常见的病害,百菌清、广枯灵是比较有针对性的药剂。

六、采收

地牯牛通常于 11 月下旬到 12 月上旬采收,选大的块茎出售,小的留种。块茎受热后易烂,不可窖藏。块茎采收后,选一块向阳的地方,将块茎铺于地面,上覆细土 4~7 cm 就能安全越冬。

第二节　魔芋栽培技术

魔芋又名鬼头、花连杆,学名蒟蒻(jǔ ruò)(学名 Amorphophallus Konjac),属天南星科多年生草木植物。魔芋的营养成分极为丰富。据测定,魔芋中含有大量的葡甘露聚糖、10 多种人体所需的氨基酸和多种微量元素,具有低蛋白、低脂肪、高纤维、吸水性强、膨胀率高的特性。其药用功效有降血脂、降血糖、降血压、消肿、散毒、化痰、通脉、健胃等。可加工成多种魔芋食品及药物。

一、形态特征

多年生草本,株高可达 1 m。块茎扁圆球状、肉质、红褐色,直径可达 20 cm。叶从块茎中央抽出,直立,柄较长,青白色,叶片大,3 回羽状分裂,长椭圆形,先端渐尖,与叶柄连成翼状,全缘,花萼块茎顶部生出,基部有数个鳞片状的叶包被,佛焰苞暗紫色,先端急尖。肉穗花序、扁平,较佛焰苞为长,紫褐色,花紫红色,微臭,浆果球形,熟时黄绿色。花期 7—8 月,果期 9—10 月。

二、生长习性

魔芋性喜阴湿环境,生于土壤肥沃的林下、山坡及住宅旁,忌阳光,怕旱、怕涝、怕风,土壤以肥沃、疏松、土层较厚的砂土和含腐殖质的沙壤土为宜。忌连作,一般要隔 2~3 年才能再种。

种子有后熟特性,采后需沙藏约 5 个月,无性繁殖 1~2 年后可采挖,种子繁殖 2~3 年可采挖。

三、魔芋对环境条件的要求

魔芋的地上茎酷似带点的乌销蛇,复叶呈羽状,小叶作羽状分裂,整个枝叶与一根独干形成一把酱油色的倒撑雨伞。地下茎膨大呈球状,球茎内含一种有毒物质生物碱,麻手麻

口,但经用漂白碱或灰碱漂煮后即可食用。栽培时要选用上端口平、窝眼小、形如锥状的作种用,头年未烂完的带壳魔芋不能作种用。魔芋喜冷凉气候,耐阴湿。土质以深厚的壤土或沙松土为宜,重黏土、冷沙土不宜种魔芋。忌重茬地和前茬是辣椒和烟叶的土地。土壤 pH 值 6.5～7.5 为宜。微酸的土地也可种植。

四、栽培时间和方法

在 4 月中旬育苗,移栽以 5 月上旬为宜。育苗方法与红薯育苗相同。用湿润细土或细沙,一层土一层魔芋种。保持苗床内 15～25 ℃,相对湿度 75%,经 25 d 左右,种芋开始萌芽,长出新根,即可移植大田。移植前,大田要深耕细耙,使活土层达 26～33 cm。厢宽 3 m、沟深 20～25 cm(以能排除积水为宜),地整好后再横向开播种沟。条沟窝栽,播沟宽 16 cm。播沟的深浅、距离要根据种芋而定。一般选用中等大小(个重 250 g)的种芋。每 667 m² 用种量 800～900 kg,小的种芋(个重 50 g 以下),每 667 m² 用种量 600 kg。下种前要重施底肥,掺施钾肥,每 667 m² 施有机肥 1 500 kg、钾肥 5 kg。肥料与种芋不能相接触,下种后要盖上 3.5～5 cm 的细土,再施窝子肥。种芋要倾斜错落,防止天旱、雨淋,以利出芽迅速而不伤芽烂种和幼芽正常生长。

五、魔芋的田间管理

一要追肥。魔芋长块茎,需肥量大。出苗后要及时追肥,每 667 m² 用人畜肥 4 000 kg,尿素或硫酸铵等 5～7.5 kg 进行提苗。二要勤中耕(一般 3 次)、勤除草,保持土壤疏松。中耕时不能损伤魔芋根部,以免造成烂苗。每中耕 1 次,即追肥 1 次,培土 1 次。白露前后再追 1 次稀粪肥,每 667 m² 施肥 3 000 kg,以增强地上部分长势,抑制叶片衰老,推迟倒苗期,延长光合作用时间,以促进球茎的膨大。天旱时要抗旱,直至倒苗为止。三要防病治虫。魔芋的主要病害有软腐病、白绢病等,发病盛期为 7—8 月份。发现病株要及时拔除,并在病株要周围撒些生石灰粉或硫黄粉,以防病害扩大蔓延。同时,用 50% 的多菌灵可湿性粉剂 1 000 倍液喷雾,每 10 d 1 次,连续 2～3 次即可达到防治效果。虫害主要为山学天蛾、根蛆、线虫和老母虫等,用 90% 的敌百虫 0.5 kg 兑水 400 kg 喷雾,可达到防治效果。

六、魔芋采收

魔芋整个生育期为 7 个月左右。当地上秆发黄倒苗时,就可收获。最佳收获期在 10 月份倒苗后 1 个月左右。倒苗后 1 月内,地下块茎还可继续生长。如倒苗后雨水不多,霜雪不大,天气比较暖和,则收挖时间还可适当延迟,以提高产量。收挖后的魔芋,将好芋和伤芋分开摊晾,待吹干水汽后,在室内地板上或在油毡等防潮物的地面上堆放储藏,或加工、销售。

第十章　果树栽培概述

第一节　树体结构及生长周期

果树是指能生产供人们实用的木本植物。适应武陵山地区的果树多,但多数管理粗放,要精细管好果树,必须了解果树树体由哪几部分组成,各部分的作用和功能及相互间的关系等,以便根据这些变化和要求,采取合理的农业技术措施,为果树生长结果创造良好的条件,获得持续高产。

一、树体结构及功能

果树树体包括地上部分、地下部分和根茎。地下部分是指根系包括垂直根、水平根和须根。根茎是指地上和地下部分相交的地方。地上部分是指主干和树冠,包括主干、主枝、侧枝、延长枝和小侧枝。

(一)地下部分

根系的作用是把树体固定于土中,从土壤中吸收水分和养料;合成有机物和特殊物质,并把这些物质和水分输送到地上部分进行光合作用和生长发育;储藏养分。

1.骨干根

骨干根是较粗壮的大根,构成根系的骨架,起固定树体,输送养分、水分和储藏养分的作用。骨干根分布得深,树体固定就牢固,并能吸收土壤深层的水分和养分;骨干根分布得浅,树体固定不牢,易被大风吹倒。

2.须根

须根是从骨干根上长出的多分支的细根,其作用是扩大根系以利吸收土壤中的水和养分。须根的先端分别是生长点、延长部、根毛部。根毛部上密生根毛。根毛是吸收水和养分的主要器官。

3.菌根

有的果树根系还和真菌共生形成菌根。菌根具有吸收水分和养分的作用,能在土壤含水量低到根毛不能吸收时吸收土壤中的水分,并能分解腐殖质,分泌生长素和酶,有利于根的生长。有菌根的果树有柑橘、荔枝、龙眼、板栗、核桃、苹果、梨、李、葡萄、柿等。

(二)根颈

根颈是指根系和主干相交的地方,是地上和地下部分养料沟通的要道。如果根颈受伤,会影响地上部分和地下部分养料的运输,严重时会导致植株死亡。根颈开始活动比地上部分早,停止活动比地上部分晚,寒冷冬季根颈容易受冻,应特别注意保护。

(三)地上部分

1.主干

主干是指从根颈到第一分枝处的树干,是支撑树冠的主要部分和输送养料的主要渠道,应注意保护。

2.树冠

树冠由骨干枝和小侧枝组成,是果树生长结果的主要部分。

①骨干枝:由中心领导干、主枝、侧枝组成,组成树体的骨架,支撑树冠,输送和储藏养料。

②中心主干:是指主干以上的树干,位置居中央,其上着生主枝。中心领导干干性强的树种有苹果、梨、核桃、板栗等。干性弱的树种如桃、李、甜橙、柚等一般无中心领导干。

③主枝:着生在中心领导干或主干上的大枝。

④侧枝:着生在主枝上的大枝。

⑤小侧枝:着生在骨干枝上的小枝,是果树进行生长和结果的主要部分。

⑥延长枝:着生在主枝、侧枝、中心领导干先端的生长枝,起扩大树冠的作用。

⑦营养枝:只具有叶芽,是进行营养生长的枝。营养枝根据生长的强弱分为徒长枝、中庸枝和纤弱枝。徒长枝多树势生长过旺,不易结果;中庸枝多易结果;纤弱枝多树势过弱,应进行更新复壮。

⑧结果枝:是指具有花芽进行开花结果的枝条,根据结果枝花芽和种类的不同分为结果母枝(花芽为混合芽,第二年由混合芽抽生结果枝开花结果)和结果枝(花芽为纯花芽,第二年在结果枝上直接开花结果)。树种不同,结果枝种类也不同,如柑橘、葡萄、柿、板栗是结果母枝,桃、李、樱桃是结果枝。

3.芽的类型和枝、芽特性

(1)芽的类型

芽是果树适应不良外界环境条件的一种临时性器官,芽萌发后可长出枝叶或开花结果。用叶芽进行嫁接可以形成新的植株。

芽按其性质可分为叶芽(只抽枝长叶)和花芽。花芽又分为纯花芽(只开花,不抽枝长叶)和混合芽(能抽枝长叶又能开花)。

芽按其着生的位置分为顶芽(着生在枝的顶端)、侧芽(着生在枝的叶腋)和不定芽(没有固定的位置,只在枝和根受特殊刺激的部位发生)。

芽按其成熟的早迟分为早熟性芽(当年形成当年发芽),晚熟性芽(芽头年形成,第二年萌发),潜伏芽或隐芽(芽形成后不发芽而潜伏于枝干,受刺激后才能发芽)。

(2)芽的异质性

芽在一枝上形成时的温度和养分状况不同,其饱满程度也不同。芽发生质的差异称为芽的异质性。早春气温低,一般枝的下部枝叶才开始生长,营养条件差,发育不良,基部往往是瘪芽甚至有盲节。随着气温上升,枝叶增多,能制造大量养分,这时形成的枝中上部的芽营养条件好,芽充实饱满。

(3)萌发力和成枝力

萌发力又称萌芽率(指一枝上萌发的芽数占该枝总芽数的百分率),成枝力又称发枝率(指萌发的芽中抽成长枝达 5 cm 以上的芽占萌发的芽数的百分率)。树种品种不同,萌发力、成枝力也不同,这是整形修剪时必须了解的特性。

(4)顶端优势

一枝的顶端抽长枝,其下抽生的枝逐渐变短,基部不发芽抽枝的现象,称为顶端优势。

(5)层性

枝的生长排列受芽的异质性和顶端优势的影响,呈现成层的现象,称为层性。

(四)各部分的关系

1.地上部分与地下部分的关系

地上部分枝叶进行光合作用时需要地下部分根系吸收的水和养分,而根的生长需要枝叶制造的有机物质,两者相互依赖,彼此协调。一般果树根系的水平分布比树冠大 1.53 倍,但垂直分布的深度没有树冠高。根系发育良好,地上部分生长健壮。如果根系死亡,地上部分也会死亡。反之,如果地上部分遭受病虫危害或修剪过重,会使根生长减弱,新根少,根系发展受限制。栽培果树既要通过土壤管理创造良好的根系生长条件,又要加强树体管理使枝叶生长健壮,才有高产稳产的基础。

2. 生长与结果的关系

果树制造的养料既要用于营养生长,又要用于生殖生长,两者必须协调,否则将相互抑制。营养生长过旺会影响生殖生长,使其不结果或少结果。开花结果过多会使营养生长弱,还会影响花芽分化,第二年结果少或不结果,并引起大小年结果。可用修剪和疏花疏果来调节营养枝和结果枝的比例解决这个矛盾,达到相对平衡。

二、果树一年中的变化

(一)物候期

果树每年都要随气候的变化进行萌芽、开花、枝梢生长、果实发育、花芽分化等一系列有规律的变化。这种随气候变化各器官发生动态变化的现象,称为生物气候期,简称物候期。果树在一年中的生长活动称为年生长周期。

物候期分为生长期和休眠期。在生长期,果树进行一系列的生长发育活动。在休眠期,果树各器官停止生长,生理活动降到最低限度,处于休眠状态。

落叶果树从落叶开始到第二年萌芽时止,休眠期明显。常绿果树无明显的休眠期,只在干旱和低温下被迫休眠。

生长期包括根的生长、萌芽、开花、枝梢生长、叶的生长、果实生长发育和花芽分化等时期。果树各生长、生殖器官的形成及产品的构成都在此期进行。应制订相应的农业技术措施,保证果树生长健壮、高产稳产。

(二)根的生长

根没有自然休眠期,只要条件适合,全年都可生长,但在冬季低温的情况下,一般要停止生长,第二年春季温度上升时又开始生长。一年中,根的生长有2～3次高峰,每次生长高峰与枝的生长高峰交替进行。根的生长在开花和枝梢迅速生长之前。例如,柑橘根的生长3次高峰,各在春梢、夏梢、秋梢生长高峰之后,和枝的生长高峰交替进行。

根生长高峰发生的时间和次数,因树种品种、树龄、砧木、气候条件不同而异。凡是营养生长旺,叶面积大,制造有机养分多,结果适量,供给根的有机营养多,根的生长量就大。凡土壤肥力高,质地疏松,土温适宜,根的生长量就大。栽培果树应根据根的生长高峰,确定合理的施肥时期。

(三)萌芽和开花

萌芽标志着休眠期的结束、生长期的开始。萌芽的早迟主要取决于温度。但树种品种不同,栽培地区不同,年份不同,萌芽的早迟有所差异。一般柑橘、桃、梨萌芽比苹果早,苹果萌芽比葡萄、板栗、枣早。柑橘中甜橙比红橘早,梨中的苍溪梨、鸭梨、金川梨比酥梨、廿世纪、长十郎早。树种的萌芽南方比北方早,早春气温上升快的年份比气温上升慢的年份早。萌芽的早晚可相差 10 d 至 1 个多月。

开花分为初花期(5% 花开放)、盛花期(25% 花开)和末花期(75% 花开放)。花期如遇低温、阴雨或天气干旱,会影响授粉受精而减产,甚至无收。花期遭受霜冻或冰雹等自然灾害,会使树体衰弱,多年才能恢复。

花期的早迟和长短,因树种品种和气候条件不同而异。各树种的开花顺序为樱桃、杏、李、桃、梨、苹果、柑橘、葡萄、板栗等。在早春气温回升快的地区和年份开花早,反之则晚。花期气温较高,天气晴朗,花期的时间短 10 d 左右。若遇低温、阴雨天气,花期会延长,可达 20 d 至 1 月左右;若花期遭遇干旱,则开花不整齐。

(四)枝的生长

枝的生长从叶芽萌动后开始,经过迅速生长期到枝梢停长。枝在迅速生长期要求肥水充足,尤其对水的需求非常敏感,是果树的需水临界期,是果树的需肥需水的重要时期。

柑橘一年枝梢有 3~4 次生长,在春、夏、秋、冬四季进行。梨一年枝梢有两次生长,在春秋两季,主要在春季。

春梢数量多而抽发整齐,既抽结果枝,又抽营养枝。营养枝是次年结果母枝的主要来源,应促进春梢的生长。

夏梢一般数量不多,抽生不整齐,枝长。除在春旱较重,夏梢生长和果实发育对营养需要发生矛盾,多数要控制夏梢。

秋梢数量较多而整齐,只要抽发较早,又未受潜叶蛾危害,是结果母枝的来源,应重视促进秋梢的生长。

冬梢只在冬季温暖的地区抽生,与柑橘的花芽分化发生矛盾,应注意控制。

增施氮肥可促进枝的生长,控制氮肥可适当抑制枝梢的生长。抹芽摘心可控制枝的抽生,喷生长调节剂(B9)和矮壮素等可抑制枝梢的生长。

(五)叶的生长

叶是果树进行光合作用,制造有机养分的重要器官。叶片的大小、厚薄,叶色的深浅和叶幕(树冠有叶片的部分)的大小、厚薄都与叶制造有机养料的多少有关。

叶的生长与枝的生长同时进行。正在进行生长的叶片,光合能力低,没有养料输出。要停止生长的叶片,光合能力强,能大量制造养分输送到其他器官。叶片随着年龄的增加,光合强度增强,衰老的叶片光合强度会降低。

叶幕的大小、厚薄及叶片分布均匀与否,与光合能力的强弱有关。在树冠外围的叶,能够全部接受光照,光合作用强。从树冠外往树冠内,光照逐渐减弱,叶的光合能力随光照减少而降低。当树冠内的光照减少到全光的 40% 以下时,不能结果或少量结果,为无效光区域。叶幕的厚度,控制在最里层的光照在全光 40% 以上为宜。应加强肥水,合理整形修剪,加强病虫防治,保护好叶片。

(六)果实的发育

果树开花期间,花发育不健全的,将陆续落蕾落花,花谢后有两次集中落果的时期,称为落果高峰。

第一次落果,在花谢后两周左右,凡未授粉受精的或受精不良,果实发育不正常的幼果都会脱落。

第二次落果,在 5—6 月份,如果果树营养不足,果实发育得不到足够的养分供给,而造成落果,称为生理落果或 6 月落果。

果实发育从花谢开始。先是实细胞分裂,细胞数目的增加使纵径不断增长,随后是细胞体积不断增大,使果实横径不断增加,待果实体积长到各树种品种固有的大小,果实内的物质进行转化,表现出果实固有的色泽和风味,果实到达成熟。在果实接近成熟时,虽然外表体积变化不大,但内含物质变化很大,果实质量有所增加。过早采收果实,不仅风味品质差,产量也有一定影响,应防止过早采摘果实。

果实发育所需的天数,因树种品种不同而异。如桃的早熟品种果实发育仅需 60 d,而晚熟品种需要 170 d。苹果和梨的早熟品需 80 d,晚熟品种则需 190 d。柑橘早熟品种需 150 d 左右,中熟品种需 200 d,晚熟品种的果实发育期则长达 1 年。果实发育期长,需要供应养料的时间也长,与枝生长和花芽分化容易发生矛盾,应注意肥水的供给。

果实发育与树体营养状况、土壤肥水供给、气候条件和激素有关。凡是树体有机营养和土壤肥水供应良好,气候条件适宜,果实发育好,果大品质好。树体营养和肥水差,果实小而品质差。激素供应不足会导致落果。温度过高,昼夜温差小,果实消耗大,积累少,果小品质差。栽培上应为果实发育创造良好的条件,才能取得丰收。

(七)落叶和休眠

休眠是温带和寒带果树在长期生长发育过程中,适应于冬季的低温,能安全越冬而形成的习性。在入冬以前,枝叶停止生长,叶片制造的养料大量向枝、干、根输送,并储存起来,使细胞液浓度增大,增强抵抗低温的能力,做好越冬前的准备,待落叶后进入休眠。落叶是进入休眠的标志。

各种果树通过休眠期要求的低温和时间不一样,一般在 7.2 ℃ 的条件下,苹果、梨要 1 200~1 500 h;核桃要 700~1 200 h;酸樱桃要 1 200 h,桃要 600~1 200 h 才能通过休眠。凡通过休眠的,第二年发芽早而整齐。如果冬季低温不足,未能满足休眠对低温的要求,第二年发芽迟而不整齐。

三、果树一生的变化

(一)果树的年龄时期

果树从小到大,随着树龄的增长,进行着生长、结果、衰老、更新、死亡的变化过程,这个过程称为果树的年龄时期,也称为生命周期。一般的果树分为 5 个年龄时期,即幼树期、结果初期、盛果期、结果后期和衰老期。

(二)各年龄时期的特点及农业技术要点

(1)幼树期

从苗木培育或播种开始,到第一次结果止为幼树期。其特点是只进行营养生长,树冠和根系不断扩大,枝条和须根越来越多,营养积累增多,为开始结果作准备。

农业技术要点:深耕改土,创造良好的土壤条件,促进根系的生长,加强肥水管理,使树冠迅速扩大,枝条增多,叶面积增大,制造养料增多,为提早结果创造条件。此外,还应注意树冠骨架的培养。

(2)结果初期

从果树第一次结果到果树有一定的经济产量(果实收入超过成本)为结果初期。其特点是根系和树冠迅速扩大,生长旺盛,叶面积大,制造养料多,形成花芽容易,产量逐年上升。

农业技术要点:继续深耕改土,促进根系壮大,加强肥水管理,增加枝叶面积,为提高产量创造良好的物质基础。继续培养好树冠骨架,以便承担最大产量,注意枝叶分布均匀。

(3)盛果期

从果树有一定经济产量开始,经过连续高产稳产,到出现大小年结果止为盛果期。其特点是树冠、根系均长到最大限度,结果量大。连续高产消耗大量的养分,使枝条和根系的生长受到抑制,树冠尖端的小枝和根系先端生长衰弱,并有死亡现象,对弱枝的更新进行修剪。

农业技术要点:满足果树高产对肥水的要求,注意调节生长和结果的平衡,使结果枝和营养枝维持一定的比例,不断对衰弱的小枝进行更新,促进营养生长。定期进行深耕施肥,促进根系更新,使地下部分和地上部分都生长旺盛,以维持最长的高产稳产年限,避免大小年结果。

(4)结果后期

从出现大小年结果,产量年年下降,到无经济收益为止是结果后期。

农业技术要点:深耕更新根系,增施肥料,恢复土壤肥力,进行骨干枝更新,控制大年花量,促进营养生长,恢复树势。

(5)衰老期

从无经济产量到植株死亡为衰老期。其特点是骨干枝衰老死亡,树冠大为缩小,不能正常结果。此期在生产上已无价值,需要重新建立果园。

第二节　果树育苗

培育良种壮苗是果树早产、高产、质优的前提条件。

壮苗的特点：一是苗木树种品种应按国家发展的需要繁殖；二是苗木必须是良种，并能适应当地环境条件；三是苗木要无病虫；四是苗木须根发达、干粗、芽饱满，有一定的高度和分枝。

一、实生苗繁殖

（一）苗圃地选择

苗圃地最好选在背风、向阳的缓坡地上，土壤以沙壤或轻黏壤的微酸至中性土为好，以利根系生长和起苗时带土，离水源近，便于泄溉，前作物不是果苗地，无病虫和少病虫的地方。

果树繁殖的方法有实生繁殖和营养繁殖。营养繁殖又分扦插繁殖、压条繁殖、分株繁殖和嫁接繁殖。

（二）种子采集

种子的好坏对出苗率的高低、苗木的整齐度和长势影响很大。对种子的要求是品种纯正、无病虫、充分成熟、籽粒饱满。采种时应注意以下3个方面：

1. 选择优良母树

最好能在采种母本园内进行采种，没有母本园的，可在当地选择品种纯正、生长健壮、无病虫的优良单株，打上记号作为采种母树，在母树上进行采种。

2. 适时采种

要在种子充分成熟时采收，一般在果实成熟期采种。山定子在9—10月采种，秋子、野梨在8—9月采种，毛桃在7—8月采种，核桃在9月中下旬采种，板栗在9—10月采种，枳壳在10—11月采种，红橘、甜橙、柚在11—12月采种，酸橘在广东潮州、福建漳州10—11月采种，枸头橙在黄岩12月采种。

3. 选择饱满的种子

果实大的种子饱满,采种时应选择大果来采集种子。

果实无食用价值的,可把果实放烂后,淘净取种。在堆放时,注意不宜堆得太厚,以免发酵时所产生的高温伤害种子。板栗果实是刺苞,堆放时要按 50 kg 果实喷 12.5 ~ 15 kg 水,并盖上草帘,以促进后熟使刺苞开裂。堆放厚度不超过 80 cm,每天检查一次,如果温度升到 40 ℃ 以上,应翻动散热,湿度不足则要加水,20 d 左右即可取种。但是,加工过程不能有 45 ℃ 以上的高温,否则会失去发芽力,不能利用。种子取出后,应放在通风阴凉处凉干,以免霉烂,不能将种子在日光下暴晒,以免高温伤害种子。

(三)种子的层积和储藏

落叶果树的种子,需要经过后熟阶段才能发芽。秋播的种子,可在露地完成后熟阶段。春播的种子,必须经过层积处理,完成种子后熟阶段才能发芽。

层积的方法,按 1 份种子 3 ~ 4 份河沙的比例混合或分层放于木箱中,或堆积于室内,或在露地选择排水良好之地堆积或开沟层积。堆放完后,上面盖上稻草或薄膜等盖覆物。河沙的湿度以手捏能成团,手松即散为宜,含水量约 5%。层积的厚度在 50 cm 以内。温度以 2 ~ 7 ℃ 为宜。在层积过程中,要注意调节温度、湿度,并翻动 1 ~ 2 次,防止种子霉烂变质。层积所需的时间以种子通过休眠所需的日数而定。

常绿果树种子不需通过后熟,秋播可以发芽。春播则需要将种子进行储藏,储藏的目的在于将种子的生命活动降低到最低限度,既保持种子的发芽力,又使种子的养分损失不致过多。储藏条件:一是低温,通过低温来降低种子的生命活动;二是空气湿度,要求 50% ~ 70% 的空气湿度,这样种子既不皱皮又不霉烂。

(四)播种的方法

1. 床播

将种子播在苗床内培养,以后再按培养嫁接苗果苗的要求进行移栽,多用于种子小的果树。床播有撒播和条播两种,播种前种子应先浸种。

2. 撒播

将土碎细,做成 80 cm 宽的畦,畦的四边高出畦面呈茶盘形。播前先施腐熟清粪水,干后将种子均匀撒在畦面,然后覆土,再盖上草。

3. 条播

在宽 80 cm 的畦上,按 16.7 cm 的距离开沟,沟内先施肥,干后播种覆土再盖草。

4. 直播

播后不移栽,直接供嫁接或培育成苗。多用于种子大的果树,如桃、核桃、板栗等。其方法是按 50~66.7 cm 尺的宽行,26.7~33 cm 的窄行开沟、施肥,肥干后播种、覆土、盖草。

播种深度和覆土厚度,按种子大小、气候和不同种类的土壤来定。种子大的、气候干燥、土疏松的要播得深些,覆土要厚些;反之,应播种浅些,覆土薄些。一般深度为种子体积的 1~5 倍。

二、果树嫁接育苗

将某一植株的一些枝或一个芽,嫁接于另一植株的枝或根上,使其成为一个新的植株的方法称为嫁接繁殖法。用嫁接方法繁殖的苗木称为嫁接苗。在嫁接中用以嫁接的部分称为接穗,承受嫁接而具有根系的部分称为砧木。

(一)嫁接的方法

嫁接的方法很多,可归为芽接、枝接和根接 3 类。

1. 芽接

利用接穗的一个芽,接在砧木上繁殖成一新植株的方法称为芽接。根据所削芽片的形状或砧木切口形状,又可分为 T 字芽接、贴皮芽接、嵌芽接或管状芽接等,其中 T 字芽接应用较为普遍。

(1)T 字芽接

先在砧木离地 6.5~10 cm 处,擦净泥土,选平滑的地方,用芽接刀先刻一横弧。再从横弧中点向下纵刻一刀,长约 2 cm,深达水质部,用刀尖将两边皮层剥开一点,以便接芽。芽片的削法是将穗条倒拿,从芽下方 1 cm 处下刀,向下平削出 2 cm 左右长的芽片,要求只在芽处稍带木质部,芽片薄而削面平。芽片削好后,手接芽片叶柄,从砧木的开口处往下插,致芽片全部插入砧木内。最后用塑料薄膜带或麻等捆缚材料自上而下将芽扎紧,露留芽苞。

(2)切片芽接

在砧木剥不开皮,按穗又无叶柄的情况下使用切片芽接。芽片的削法与 T 字芽接相同。砧木是在嫁接处从上至下削皮,不带或稍带木质部,并将削开的皮切去 2/3,留下少许以便放置时捆扎芽片。芽片应刚好放在伤面,同时用捆缚材料捆紧。

(3)管状芽接

在砧木正直平滑处,用嫁接刀先在上方环割一刀,深至木质部,再在离上刀 2.5~2.7 cm 处又环割一刀,深至木质部,将这块皮剥下。用同样的方法在接穗上也环剥同样大小带一芽的皮,把接穗的皮套在砧木剥皮处。最后用薄膜或麻皮将其扎紧。这种方法宜在生长旺、形成层活动旺时进行,以利剥芽或取芽。

2. 枝接

用具有 1~2 个芽或多芽的一段接穗进行嫁接的方法称为枝接。枝接的方法很多，有切接、劈接、腹接、皮下接、舌接、合接、靠接等，其中切接、劈接、腹接应用普遍。

（1）切接

在砧木离地 3.3~6.5 cm 比较光滑处剪断，用切接刀将断面削皮，并在砧木平滑的一面，用嫁接刀稍带木质部向下直切一刀，长 2~3 cm。接穗按 1~3 芽剪成一段，在最上一芽的反背向上斜剪一刀，注意不要伤害芽的基部，然后在接穗的下面选直而平滑的一面，如用单芽则在所留芽的一面稍带木质部直削一刀，削面长度与砧木所切长度大致相等，削面要平滑，削好后把接穗放入钻木切口内，注意将接穗伤面贴在砧木伤面上，两者形成层相互对准，然后用薄膜将它们捆紧，并把砧木的伤面全部包完，以免伤口水分蒸发而使接穗干枯影响成活。如不用薄膜捆扎，也可用土堆埋至伤口，或用鲜牛粪加泥土混匀包在伤口上以保护伤口。

（2）劈接

劈接又称割接。在离地 5~8 cm 处，选砧木正直平滑部位剪断或锯断，用刀把断面修平，再用劈接刀从砧木中央劈下，深 3~4 cm，并用劈刀尖撑开裂口，以备插入接穗。接穗剪成 5~8 cm 长，上留 2~3 芽，接穗上端在芽上剪成斜面，下端在芽的两边削成楔形，要一面稍厚一面稍薄。把削好的接穗插入砧木，稍厚的一面放在砧木切口的外边，两者形成层要对准，稍薄的一面在砧木口的里边。如砧木较大，进行高接时，要在砧木上多接几个穗条，在劈口的两边插上穗条，或在砧木上十字交叉劈两刀，上插 4 根接穗。

（3）腹接

砧木不截头，方法与切接相同。在砧木离地 3.3~6.5 cm 处，选平直光滑处直切一刀，不带木质部或稍带木质部。把削好的接穗（削法与切接同）插在切口处，将形成层对准，然后合上砧木的皮层，用薄膜捆紧即成。接穗可用单芽或 2~3 个芽。

3. 根接

将接穗直接插在砧木的根上称为根接。砧木可用实生苗的整个根系或砧木的一小段根。嫁接的方法与枝接相同。

总的来说，嫁接的技术要领是刀要利，削面要平滑，形成层要对准，捆扎要紧。嫁接的愈合过程：先是砧、穗形成愈合组织，冲破死细胞层，使两者愈合组织连接。两者形成层连成一个整体，向内分化成木质部，向外分化成韧皮部，进行正常的营养输导，使植株正常生长结实。要求刀利，伤面要削平以减少死细胞数，有利于两者愈合组织边接。形成层对准，捆紧，有利于两者形成层形成的愈合组织紧密联系形成一个整体。

（二）嫁接时期

枝接、根接在早春雨水节气前后进行，这时砧木树液开始流动，嫁接效果好。腹接在 3—

11 月进行。

芽接在树液流动后,砧木能剥得开皮,接穗能采得到芽的时候都能进行,即从 3—11 月都可进行芽接,以 6—7 月、9—11 月两个时期芽接效果最好。

三、自根苗繁殖法

植物当其失去某种器官后,具有再生其缺少的器官并恢复成完整有机体的能力,称为再生作用。果树生产上利用植物的再生作用,进行扦插繁殖、压条繁殖和分株繁殖。凡是扦插、压条和分株繁殖的苗木称为自根苗。一般葡萄用扦插繁殖。龙眼、荔枝、苹果的矮化砧用压条繁殖。柑橘也常采用压条繁殖,但是,压条苗根系较差,且易得脚腐病(俗称烂兜疤),以嫁接繁殖为好。香蕉、菠萝、樱桃、李、石榴、枣等多用分株繁殖。

(一)扦插繁殖法

将植株的枝、叶或根与母本植株分离,给予适宜的生长条件,促其发育成为一株新植株的方法称为扦插繁殖法。用作繁殖的材料称为插条。

1. 插条的选择和处理

插条应在品种纯正、生长健壮、无病虫的母株上,选充分成熟,芽饱满的壮枝。这样的枝条才能保证扦插生根时对营养的需要,长出品种纯正的壮苗。

葡萄插条在武陵山地区需在 12 月份采,选取直径为 1 cm 左右,冬芽饱满的壮枝作为插条。对冬季采下的葡萄插条,可按 16 ~ 20 cm 长,留 2 ~ 4 芽短剪,上端剪口离芽 2 ~ 3 cm,剪成斜面,下端在节下剪平。将插条 30 ~ 50 枚扎成一捆,倒置在沙内或在排水良好的沙土中储藏。

为促进插条生根,可用(500 ~ 1 000)mg/kg 的吲哚丁酸水溶液处理 5 s 或用(40 ~ 50)mg/kg 的吲哚乙酸以及(300 ~ 400)mg/kg 的萘乙酸水溶液浸泡 12 ~ 24 h,还可用鲜尿液浸 12 ~ 24 h,这些都有促进生根的作用。在寒冷的地方可在温床内扦插,以促进根的生长。

2. 扦插的时期和方法

春季雨水节气前后,将储藏的插条取出,在准备好的土地上,开 80 ~ 100 cm 宽的畦,畦上每隔 17 ~ 27 cm 开沟,沟深 17 cm 左右,施底肥后,将插条插入沟内,覆上土,并留一芽露出土面,再盖草。为节省插条,多繁殖苗木,还可采用单芽扦插,即将插条剪成一芽一条,把插条横放沟内,让芽露出土面。以上扦插又称硬枝扦插。

在生长季节,可采半木质化,带有 1 ~ 2 片叶的嫩枝进行扦插,称为嫩枝扦插或绿枝扦插。扦插方法与硬枝扦插方法相同,但是,在管理上必须有良好的保湿条件,否则不易成活。

(二)压条繁殖法

在枝条与母株不分离的状态下,压入土中,在其生根后,剪断成为新植株的方法称为压条繁殖法。常用的压条繁殖法有以下4种：

1.普通压条繁殖法

在母株旁挖一穴，将枝条压于穴内，用竹钩或木钩将压入部分固定，然后覆细土压紧，并让枝的先端露于地面。在压入部分进行刻伤或环状剥皮，更有利于所压部分生新根。如果枝条很长，可以进行多次弯曲压入，达到多出苗的目的，这种方法又称曲枝压条繁殖法。

2.水平压条繁殖法

在早春发芽前，选母株上离地面的枝条，剪去嫩枝部分，顺枝条着生方向开深 5~10 cm 的沟，将枝条水平压入沟内，用竹钩或木钩固定，待节上的萌发出新梢，梢长 20~25 cm 时，在节上刻伤，逐步培土，使每节都长出根，到休眠期时，除留近母株的一根枝条作下年繁殖用外，其余的全部取出，分成多个新植株。

3.堆土压条繁殖法

堆土压条繁殖法又称直立压条繁殖法。在早春发芽前，将母株在离地面 7~10 cm 处剪断，促发多个新梢，到梢长 20 cm 以上时，将土堆于基部。如要促进根的生长，可在新梢基部进行刻伤，生根后，在当年冬季即可与母株分离成苗。

4.空中压条繁殖法

空中压条繁殖法俗称筒取繁殖法或靠罐繁殖法。对不易发生萌枝，树身高大，枝条不易压入土中的果树，可进行空中压条。在实际荔枝应用最多，荔枝扦插不易生根，嫁接不易成活。其方法是选 2~3 年生的枝，在枝的基都进行环状剥皮，剥皮宽 3~4 cm，并用刀刮去形成层，然后用竹筒或瓦罐套上，填入湿土，并注意经常保持土壤的湿润。也可用塑料薄膜包上湿润的苔藓或锯木屑进行空中压条，同样可收到很好的效果。待生根后，从发根的下部剪下。

空中压条的时期，从春至秋均可进行，以夏秋季进行生根最快。

（三）分株繁殖法

利用果树的根蘖、匍匐茎、吸芽等营养器官，在自然条件下或人为促进生根后，将其与母株分离，培育成苗的方法称为分株繁殖法。果树生产上利用分株繁殖有以下3种情况：

1.根蘖分株法

晚秋或早春将母株树冠外围的部分骨干根创伤，促发大量根蘖苗，施以肥水，促苗健壮。夏季将其与母株相连的根剪斯，促发新根，在当年冬季至次年早春将苗取出供栽植或做砧木用。此法用于能大量发生根蘖的树种，如李、樱桃、枣、石榴、银杏等可用来繁殖苗木，秋子、杜梨、棠梨等可用来繁殖砧木苗。

2. 吸芽分株法

用于香蕉和菠萝(凤梨)的苗木繁殖。香蕉是利用地下茎上抽生的吸芽,在吸芽基部长出根后,于4—5月将吸芽与母株分离成一新植株。菠萝是利用地上茎的叶腋间着生的吸芽,在菠萝采收的前1个月,将生长健壮的吸芽采下,先行扦插,待吸芽生根后再进行定植。

3. 匍匐茎分株法

用于草莓的繁殖。利用草莓地下茎上的芽,萌发形成匍匐于地面的匍匐茎,匍匐茎上发生叶簇和芽,下部生根形成幼株,夏末秋初将幼株剪下即可栽植。

第三节　果树施肥的种类、时期和方法

一、肥料的种类

按肥料的形态和性质可分为有机肥料和无机肥料两大类。

(一)有机肥料

凡属动物性和植物性的有机物都称为有机肥料,如人畜粪尿、绿肥、饼肥、厩肥、堆肥、垃圾、杂草、作物稻秆以及骨粉、屠宰场的下脚料等。这些有机肥料养分全面,不但含有氮、磷、钾,还含有多种营养成分及微量元素。有机肥料是"完全肥料"。果树施用有机肥料很少发生缺素病,只要施用腐熟的有机肥料和施用方法得当,果园很少发生各种营养元素过量的危害。果树应以施用有机肥料为主,无机化学肥料为辅。

在应用有机肥料时,必须注意充分腐熟和防止肥分的损失。腐熟的方法可以堆制,也可以沤制。堆制时宜用稀泥封堆,沤制时粪池必须有盖或加棚,如任其风吹日晒雨淋,有机肥料中的氮素分解为氮气易挥发损失。有机肥未经腐熟就施用时,有伤根的危险。纤维多的有机肥,在土壤中腐熟时,会夺取氮素而使果树暂时更加缺肥。在定植穴中施用有机稻秆、垃圾、绿肥等或者在定植后施用未腐熟的有机肥时,应加施少量的氮肥,如清粪水或尿素。

(二)无机肥料

所有化学肥料都属于无机肥,又称矿质肥料。常用的化学肥料有尿素、硫酸铵、氨水、过磷酸钙、硫酸钾、氯化钾等。一般化学肥料含有较高的浓度和养分,使用时不小心便会烧伤根系和茎叶。果树施用尿素、硫酸铵等化学肥料时,若每穴施用过多或者结块未打碎,会使土壤局部浓度升高,土壤从根系和枝叶中倒吸水分,使果树根、枝和叶片枯死,甚至整株死亡。施用化学肥料时,一次用量不可过多,并注意打碎结块,均匀撒施。将化肥化水或溶于清粪水中施用最好。

采取有机肥和无机肥配合施用,可以相互取长补短,更能发挥施肥效果。长期单施化肥,容易造成土壤板结和理化性能变劣。

二、施肥的时期

(一)基肥施用时期

基肥是指供给果树一年中生长结果的基础肥料。基肥的特点是肥效较长,肥料分解慢,可持续供应果树,用量占全年用肥量的一半以上。以有机肥为主,如厩肥、堆肥、绿肥及其他杂肥,再适量加入化肥。

基肥施用时期可在秋季或冬季,各地普遍提倡冬肥秋施,在新梢已停止生长,而根系尚在生长时施入最适宜,有利养分的吸收,伤根后可促发新根,伤口容易愈合。

(二)追肥时期

追肥又称补肥,是在果树生长期中几个急需营养的关键时期施肥,以补充基肥之不足。基肥宜用速效性肥,通常用化肥或腐熟人畜粪尿。

追肥一般分为以下几个时期:

(1)花前追肥

这时花器正在进一步发育完善,同时开花和枝叶生长要求充分的营养物质,特别是氮肥。追肥后可减少落花,提高坐果率,促进新梢生长。

(2)花后追肥

果树在落花后幼果需要大量养分,新梢迅速生长,需肥很多。追肥的目的在于加强新梢生长,促进幼果膨大,减少落果。

(3)果实膨大和花芽分化期追肥

这一时期开花、结实、枝梢生长,耗去大量营养物质,同时基肥经过春、夏季的分解也快消耗完了,而此时还正临果实迅速膨大,并已开始花芽分化。追肥可以增大果实和提高品质,并保证花芽分化的质量。此时需肥较多,并仍以速效性氮肥为主,兼用磷、钾肥。

(4)果实生长后期追肥

这一时期追肥,除了供应花芽分化和晚熟品种果实生长需要外,主要在于提高光合能力,延长叶片寿命,增加树体营养物质的积累和储藏。

三、施肥的方法

（一）土壤施肥

土壤施肥是将肥料施于果树根际，以利于吸收。施肥方法及施用深浅，应根据地形、地势、土壤质地、肥料种类，特别是根系分布的情况而定。

（1）环状施肥

适用于平地果园，是在树冠外田稍远的地方挖环状沟施肥。此法具有操作简便、经济用肥等优点。但挖沟易切断水平根，且施肥范围较小，一般多用于幼树。

（2）放射沟施肥

在树冠下面从距离主干 1 m 左右的地方开始，以主干为中心，向外呈放射状挖 4～8 条沟，沟宽 30～60 cm，深 15～40 cm，将肥料施入。这种方法一般较环状施肥伤根少，但挖沟时要躲开大根。可隔年或隔次更换放射沟，扩大施肥面，促进根系吸收。

（3）穴状施肥

自树干 1 m 以外，沿树的周围挖施肥穴施肥。有的地区特制施肥锥，使用很方便。

（4）条沟施肥

在果树行间或株间或隔行开沟施肥，也可结合果园深耕改土进行。此法施肥面大，可扩大根系吸收面积，是成年果园较好的施肥方法之一。

（5）全园施肥

成年果树或密植果园，根系已布满全园时多采用此法。先将肥料均匀撒布于全园，再翻入土中，深度约 20 cm。其优点是全园撒施面积大，根系可均匀地吸收到养料。但因施得浅，常导致根上浮，降低抗逆性。

（6）灌溉式施肥

即灌水与施肥相结合，多与喷灌、滴灌结合较多。此法肥分分布均匀，既不伤根，又保护耕作层土壤结构，节省劳力，肥料利用率高，可降低生产成本。

上述各种施肥方法，各地可结合果园具体情况加以选用。采用环状施肥、半环状施肥、穴状施肥或放射沟施肥时，应注意每次轮换施肥部位，以便根系发育均匀。

（二）根外追肥

根外追肥又称叶片施肥。其优点是吸收快，反应快，见效明显，还可与喷灌、喷药结合进行。许多微量元素用量微，且易被土壤固定，采用叶片喷施效果较好。但根外施肥只能是土壤施肥的补充形式，绝不能单纯依靠这种方法来提高产量。果树生长结果需要的大量养料还是要靠土壤施肥来满足。

生产实践表明，果树生长期进行 3～6 次根外追肥，对生长结果，提高产量和改进果实品质均有良好作用。根外追肥如能结合应用植物激素效果更好。特别是在谢花后、生理落果前、新梢旺盛生长期、果实迅速膨大期、花芽分化期，根外追肥都能收到明显的效果。

第四节 果树的整形修剪

一、基本概念

1. 整形

根据果树的生长特性、当地环境条件和栽培技术，人为地培养一定的树冠形式，这种农业技术称为果树的整形。

2. 修剪

在整形的基础上，通过剪枝、屈梢、开张角度，以及除萌、摘心等外科手术，继续培养和维持所造树形，并进一步调节树体各部分营养物质的分配，控制果树生长和结果的平衡，这种农业技术称为修剪。

二、整形修剪的原则

1. 因树造形，因枝修剪

因树造形是指根据不同的树种、品种、树龄、树势，以及砧木的生长发育特性来选用相适宜的树形和修剪方法，使之有利于生长和结果。这样整形容易，成形快，结果早且丰产。

对幼树期未按正规要求进行整形修剪的果树，后期要矫正树形者，应根据树苗（或成年树）本身的生长状况，按照丰产树形结构特点的要求，适当地因树制宜调整树形。不要不顾果树本身现有生长的实际情况，主观机械地求某种树形，否则将造成不良后果。

因枝修剪是指根据不同类型枝梢的特点，采用不同的修剪方法和修剪程度，区分开骨干枝和非骨干枝、营养枝和结果枝、新梢和多年生枝、强枝和弱枝，以及不同生长部分、不同生长姿势的枝条，其具体修剪和处理方法均不同。只有做到因枝修剪才有利于果树生长结果。

2. 合理规划，综合安排

果树为多年生，其寿命长，如栽培管理得当，从栽植后开始结果，结果年限长的（如苹果、梨）可达 50～60 年，结果年限短的（如桃）可达 15～20 年。整形修剪是否得当，对幼树结果早迟和盛果期年限长短都有较大的影响。修剪时要有长远规划,全面安排。既要照顾到当前结果的利益,还要考虑未来的发展前途。在幼树期果树的整形修剪,应以培养良好的骨架为主,着重促进生长。同时,要考虑适量结果,控制一定的产量。如果只顾眼前利益,片面强调早结果,而不顾树形结构和健壮长寿,或只强调树形,而不考虑提早结果,适当照顾当前需要,都是不恰当和不全面的。

3. 轻剪为主,轻重剪结合

轻剪为主,轻重剪结合是对幼树整形修剪而言的。轻重剪结合也是成年树修剪时必须遵循的重要原则。幼树年幼冠小,枝叶不多,宜轻剪。剪得过重,反而削弱树势,延迟形成树冠和结果。但是为了使幼树能够迅速形成骨架和扩大树冠,对一年生新梢应当重剪,特别是对树冠外围的一年生新梢应多短截,以促进抽梢多,扩大树冠快。幼树在整形期间的修剪,以轻剪为主,还要做到多留辅养枝,对树冠内膛的枝条,在不影响要培养的骨干枝的前提条件下,不是太密集的枝都应尽量多保留,以有利于骨干枝的加粗和幼树提早结果。幼树应注意以长树冠为主,结果为辅。幼树结果过多,会削弱树势,影响树冠早形成,甚至会造成小老树,未老先衰。在幼树修剪时要适当控制花芽量,不要挂果太多。对树势生长衰弱的树,无论是幼树还是年树,都应适当重剪,以免导致生长过旺,幼树延迟结果,成树降低产量。

幼树、旺树,以及进入盛果期以前的树,都应以轻剪为主。盛果期的树应轻重结合,适当重剪。盛果后期和老弱树,应以重剪为主。应因树制宜贯彻轻剪为主,轻重剪结合的原则,这种原则的具体运用,能有效地调节树势,使生长和结果达到平衡,充分占据和利用空间,合理布局,立体结果,有利于提早结果和丰产。

4. 树势平衡,主从分明

整形修剪时应注意平衡树势,要求同层、同级骨干枝的生长差不多,各层骨干枝要保持相应的均衡。对上强下弱,或下强上弱的树,生长势偏向一边的树,要及时通过修剪加以控制。控制原则是采取"抑强扶弱"。根据不同的情况,采用不同的措施。如压强枝则用加大角度,并选用弱枝、弱芽领头,这样就可削弱旺枝的生长势力。扶持弱枝就应重剪,并选用角度小的好枝、好芽当头,这样可以促进弱枝的生长势。所谓主从分明,是指树冠的各级骨干枝要有一定的从属关系,即树干要粗于中心主枝,中心主干在树冠中应占绝对优越,下层主枝要粗于上层主枝,主枝要粗于侧枝,从属枝条必须为主导枝条的生长让路,在互相干扰的情况下,应该控制从属枝的生长。只有坚持这一原则,才能培育出树冠骨架牢固,能合理利用空间,产量高,负载量大的丰产树形。

5. 大枝少分布均匀合理,小枝多而不密

果树的主干,中心主枝、主枝和侧枝,是构成树冠的骨架,它们的作用是支撑树冠,负载果实。但是它们是属于非生产性的枝梢。而无数小枝才是直接分化花芽、开花挂果的生产性枝条。构成丰产树冠的基本原则应该是"大枝亮膛膛,小枝闹洋洋"。大枝(主要是主、侧

枝)少而着生的部位分布均匀,才能合理占据主干或中心主枝周围的空间。大枝少,小枝多而不密,内堂光照不低于40%,最大限度地利用空间和光能,提高叶片的光合效率,增加树体的有效容积,加大结果面积,减少树体无效容积,以利构成高产、稳产的树体结构。这是合理整形修剪,培养丰产树形必须遵循的又一条重要原则。

三、修剪时期和修剪方法

(一)修剪时期

果树修剪的时期,一般分为休眠期修剪(又称冬季修剪)和生长期修剪(又称夏季修剪)。不同时期的修剪,采用不同的修剪方法和剪除量,其效果大不相同。

果树在休眠期和生长期的生理活动、生长动态、营养基础以及所处的外界环境均不相同,不同时期修剪后树体的反应也各不相同。休眠期树体生理活动微弱,所处环境为低温少雨,修剪后反应比较缓慢,到次春生长时才能反应出来。休眠期对大枝剪除,或剪除量较大时,不会立即影响地上部分的平衡,对大枝梳除多在休眠期进行。

休眠期修剪伤口愈合慢,低温地区如果遇到严寒容易发生冻害,但休眠期根系里累积的储藏养料充分,修剪到春季萌芽时,因为修剪的刺激,被修前部位成为养分运转分配的中心,所以能抽生较旺的枝。

休眠期修剪的适宜时期,应根据气候和树种不同而异,一般落果树适宜的冬剪时期是在落叶后半个月到萌芽前的半个月为好。但在严寒地区,宜在严寒之后进行。在冬季温暖地区,桃树冬剪时间不宜太早,以在12月至次年1月修剪为好,尽管是在正常落叶以后进行,但如时间掌握不当,仍有产生伤流的危险。对柑橘类果树冬剪时间的确定,除常年冬季有冻害的地区外,冬季修剪越早越好。据日本人试验,柑橘冬剪越早,有利于减少蒸腾,使树体水分容易达到平衡,树势恢复得越好。采果后一周左右或采果后立即进行为好。

生长期中,随着早春气温逐渐升高,雨量增多,生长活动开始进行,生理活动增强。到了夏季,由于温度较高,雨量充沛,生长、生理活动均旺盛,根系吸收能力强,积累的养分多,因此修剪后反应快,萌发、生长快,一般修剪后10 d左右即可再次萌发抽梢,而且伤口愈合也快。对衰老树或老枝的更新复壮,宜在夏季进行修剪。生长期修剪还可以改善光照条件,提高叶面光合功能,有利于增加果实品质和促进着色良好。

(二)修剪方法

休眠期修剪的基本方法,有短剪、疏剪和由这两种方法衍生而来的缩剪。

生长期修剪方法主要有除萌、除梢、摘心、剪梢,环剥和环割。

1. 短剪

短剪又称短截,即剪去一年生枝或当年生枝的一部分(或一段)。短剪的反应范围只涉及局部,反应最强的是剪口下的二、三芽。短剪能刺激较旺的营养生长,剪口芽常抽生长枝,其下的芽反应依次减弱,可以生长为中枝或短枝。基部的芽常不萌发。短剪能促进营养生长(据 Hooker 分析枝梢内含有较高的氮素),但营养生长的强弱,取决于短剪的程度和剪口芽的强弱。如果剪口芽为弱芽,虽然短剪重,但抽梢仍弱。在修剪时,常利用短剪的轻重和剪口芽来调节枝梢的强弱,以促进或抑制生长。

2. 疏剪

从基枝上将某一枝条自基部剪除称为疏剪。疏剪反应范围仍是局部的,但比短剪具有较大的范围。疏剪改善了光照条件,增强了光合功能,从而促进了修剪部位附近其他枝梢的生长。

轻度疏剪和中度疏剪,一般不起促进营养生长的作用,只加强其他梢生长健壮和养分的积累,有利于花芽分化和结果。但是程度重的疏剪,能促进营养生长,一般是加强剪口下方枝梢的生长。重度疏剪造成的伤口多,会削弱基枝的生长。

疏剪对剪口以下的枝有促进作用,对剪口以上的枝则有抑制和削弱的作用,特别是在对较大枝的疏除时,这种作用尤其明显。树冠大枝过多,需要疏除时,常将要疏除的枝留一段桩,以免削弱基枝的生长。如被疏除枝的基枝是中心干或主枝时,更应注意留桩处理。

3. 缩剪

将多年生枝,自有分枝处剪除,这种修剪方法称为缩剪。缩剪具有短剪和疏剪两者的作用,既能促进营养生长,又能改善光照条件促进生殖生长。缩剪的反应具有较大的范围,同时,缩剪改变了输送渠道,增强了留下枝梢的生长。对树冠更新或对衰老枝的复壮,常采用缩剪的方法。

缩剪促进营养生长的强弱,与缩剪轻重程度、剪口所留枝的强弱及着生姿态,以及剪口大小等有关。缩剪重,剪口所留枝强,并向上斜生的,能促进较旺的营养生长。如果剪口所留枝为弱枝,着生姿态较平或下垂,以及剪口直径大于所留枝的粗度时,或者剪口紧贴所留枝,则将抑制或削弱所留枝的生长。一般剪口上方的枝被削弱的程度更为明显。

4. 除萌、除梢

芽萌发后即将其抹去,称为除萌。芽萌发生后已抽生为嫩梢,但在未木质化前即除去,称为除梢。除萌和除梢的目的在于尽早除去不必要的梢,以调整枝梢密度,选优去劣,节省养分消耗,促进留下枝梢的生长。

重剪或在树冠更新修剪之后,常发生大量的萌枝,应随时及早除去,以节省养料和水分,促进所留枝梢的生长。

5. 摘心和剪梢

新梢长到一定程度,摘去生长点(顶芽),称为摘心。新梢已开始木质化,剪去枝梢顶部,称为剪梢。摘心和剪梢的目的在于抑制新梢的加长生长,促进加粗生长和增加分枝级数,加速形成树冠和提早结果,或促进枝梢芽苞充实饱满,增加花芽分化和提高花芽质量。

6. 弯枝

弯枝就是将直立枝梢弯曲,如圈枝、别枝等。弯枝的作用,在于改变了优势部位及水分、养分的运转方向。弯枝能减缓生长势,使芽充实饱满,并能促进枝条基部芽的萌发,以及促进花芽分化。

7. 环剥和环割

将枝梢的韧皮部剥去一圈,称为环剥。将剥离的树皮,颠倒其上下位置,随即嵌入原剥离处,并包扎使其不脱落,这种方法称为"环剥倒贴皮",在干燥地区有保护伤口的作用。如果割伤韧皮部一环,并不剥去皮部者,称为环割。另外,缚缢(用绳子或铅丝捆扎一圈)也属环剥同类型的方法,只是其作用的时间或强度与环剥有差异。环剥的作用,在于暂时阻止养分的上下流通,特别是有机营养向下运转,促进剥口以上养分的积累,有利于分化花芽。

环剥的时间,因目的不同而异。如提高坐果率,则于开花前环剥;如增加花芽分化率,则于枝梢减缓生长时,于花芽分化前环剥。环剥口的宽度,一般为被剥枝直径的 1/8 ~ 1/15,深度达木质部,但以不伤木质部为准。

其他如扭梢、圈枝、拿枝、拉枝、刻伤等,都属于生长期采用的促进或抑制生长的农业技术和方法,可根据具体情况合理应用。

第五节　果实的采收

果实采收是果树栽培的最后环节,是储藏的开始,采收不当会降低产量和品质,减少经济收益,影响果实的储藏加工。

目前生产上普遍存在采收过早的问题。早采会使总产量降低,成熟前果实每天增重 1% ~ 1.5%,早采 10 d 会使产量损失 10% ~ 15%。早采还会使果实品质风味差,糖和维生素含量可减少 1/3 ~ 1/2 以及色泽、香味均差。早采果储藏中果皮易发皱或萎缩影响外观,也不耐储。采收过迟也会减少产量,影响花芽分化和树体储藏养料,果实也不耐储。应做到适时采收。

一、采收期确定的依据

(1)果皮色泽

应具有本品种固有的色泽,不但底色要固定,彩色也要达到要求。苹果、桃要求具有品种特有的色泽。有的品种还应被有果粉或蜡质,如苹果、李、柿、葡萄等。

（2）种子颜色

种子颜色应达到固有的色泽,如苹果和梨的种子,应由白色变成褐色或黑褐色。

（3）糖酸比或固酸比

各类果树果实成熟时都应达到一定的糖酸比或固酸比作为成熟指标之一,如甜橙要求糖酸比达到 8∶1,红橘为 7.5∶1 时,标志果实已经成熟,可以采收。由于测糖较为麻烦,而测果实的可溶性固形物的方法比较简单,因此常用固酸比作为采收指标,如甜橙固酸比达 10∶1 就可采收,以固酸比为 12∶1 时品质最好。

（4）果肉硬度

果实成熟时,细胞壁中的胶质渐渐水解,使果肉变软,可用硬度计测定果肉硬度作为成熟的标准。成熟的鸭梨果肉硬度为 7~7.7 kg/cm^2,苹果为 6~7.7 kg/cm^2,这是采收果肉的硬度标准。

（5）果梗与果枝分离的难易

果实成熟时,果与果枝之间产生离层,用手接触容易脱落。果树中的苹果、梨、桃可以此作为果实是否成熟的一项参考指标。

以上指标应综合进行考虑,还应参考历年的成熟期和果品用途。需长途运输和进行储藏的果实应提前采收,做果汁、果酒加工的果实应适当延后采收。

二、采收技术

1. 采收注意事项

①采果要在晴天进行,以减少污损和病菌感染。

②防止果皮和果肉碰伤。

③保护果柄和果蒂。

④不要损伤花芽、结果枝和骨干枝。

2. 采收方法

武陵山地区果树采收方法主要是人工采收。根据不同果树结果特性,采用相应的采收方法。

①摘采:梨、桃、李、杏、枇杷、樱桃、草莓等,可用手带果梗摘下。

②剪落:柑橘、猕猴桃果实可用果剪平萼片剪下,葡萄在果梗基部剪下。

③打落或摇落:板栗、核桃、枣用此法采收。

除了上述采摘方法外,还有机械采收法,如台式机械采收。

第十一章 常绿果树栽培技术

第一节 柑橘栽培技术

武陵山地区生长着柑橘老祖宗——宜昌橙,低海拔河谷地带柑橘栽培较多。柑橘是当地重要的经济作物和支柱产业之一,在农民脱贫致富奔小康、三峡库区移民安置和社会主义新农村建设中发挥了重要作用。

一、栽培品种

柑橘属于芸香科属植物,是橘、柑、橙、金柑、柚、枳等的总称。果实具有典型的"柑果"特征。柑橘包括6个属,即柑橘属、金柑属、枳属、多蕊橘属、澳指檬属和澳沙檬属。其中用作经济栽培的有枳属、柑橘属和金柑属,以柑橘属植物的鲜果栽培经济价值最大,常见的栽培类型有甜橙、柚、葡萄柚、宽皮柑橘、柑、柠檬、枸橼等。柑橘栽培以宽皮柑橘为主,甜橙和柚类次之,另有少量的金柑和柠檬。柑橘品种已逐步走向良种化、区域化、规模化生产,当地主栽品种有椪柑、红橘、柳荷尔橙类和琯溪蜜柚、美国红心柚等柚类。

二、柑橘主要分布

柑橘主要分布在北纬35°以南的区域,性喜温暖湿润,有大水体增温的地域可向北推进到北纬45°。武陵山地区柑橘主要分布在海拔800 m以下的低海拔地带。

三、栽培技术

（一）种植良种无病壮苗

选择适合当地气候的良种，种植健壮苗木是柑橘高效栽培的基础。要高度重视苗木的繁殖和管理，以"高起点、高科技、高质量、高标准"的要求来指导和规范苗木的繁育，采用先进的无病毒苗木繁殖技术，栽培无病毒良种壮苗，为柑橘的高效栽培奠定良好的基础。

（二）建园

柑橘分布地区辽阔、气候土壤条件复杂、品种资源丰富，各地创造出了各自特色的柑橘栽培业。平地、丘陵山地、海河滩涂都可建立柑橘园。平地果园是传统古老的基地，而丘陵山地是当前较多的商品基地。柑橘园地宜选择无明显冻害地段，要求土层深厚、排水透气良好、有机质丰富、灌溉方便、交通便利。丘陵、山地海拔高度在 800 m 以下，坡度在 25°以下，冬季有冻害的地区应选择东南坡，在坡度为 5°以下的缓坡地、江河两岸及水稻田建园时，必须注意排水。建园是通过为柑橘生产提供适宜的光、热、水、气、肥等生长条件，为柑橘的高产质优提供良好的环境条件和交通条件，以降低生产成本，提高生产效率。修筑必要的道路、小区划分，排灌、蓄水、营造防风林、肥源以及附属设施。防风林选择速生树种，并与柑橘没有共生性病虫害。

（三）栽植

柑橘一般在春季 2 月下旬—3 月中旬春梢萌动前栽植。冬季无冻害的地区可在秋季 10—11 月中旬栽植。春夏 4—5 月份春梢停止生长后至夏梢抽生前栽植成活率也高。容器育苗四季均可栽植。柑橘的种植密度，因不同国家、不同时期、不同柑橘种类、柑橘黄化树不同防治品种而各不相同。在栽植方式上有长方形、正方形、三角形、宽窄行和等高种植等。就种植方法而言，柑橘全年都可种植，但主要是秋植、春植，夏季也可种植。

（四）土、水、肥管理

土壤管理是柑橘果树生长发育的基础。创造适宜树体生长结果的肥、水、气、热等土壤条件，是土壤管理要达到的目的。要达到这一目的应采取深翻、施用有机肥、绿肥，间作，覆盖培土，中耕和保持水土等措施，使土壤保持良好的肥力和最佳的结构状态。

重施秋肥，冬肥秋施。这有利于促进当年果实继续膨大，提高产量和品质；有利于促进第一阶段花芽分化，为次年优质丰产打下坚实的基础。如果是试花投产的果园，施秋肥还可起到断根的作用，协调营养生长与生殖生长的关系，促进花芽分化，多结果实。

秋肥应在 9 月下旬到 10 月上旬施用，主要采取化肥和农家肥混合深施。氮、磷、钾肥的比例为0.5：1：1。秋肥用量可占全年施肥量的30%～40%。

（五）整形修剪

柑橘的整形修剪是为了使植株形成和维持合理的树体结构,充分利用光能和空间,达到早结果、早丰产、稳产、优质和高效的目的,而直接对树体进行剪枝或其他类似作业的活动。整形是修整树形,使之形成理想的树体结构;修剪是对树体直接进行的枝梢处理技术,如疏剪、短截、回缩、摘心、抹芽放梢、曲枝、环割和断根等。柑橘丰产树形如图3所示。

图3　柑橘丰产树形

①柑橘修剪要达到"上下不重叠,左右不交叉,内外有枝叶,主枝少而开,枝组多而满,树盘见斑阳"的丰产树形。

②春季是柑橘修剪的最适宜时期,一般从2月下旬开始到3月中旬结束。受霜冻的枝梢,必须适时修剪,剪除受冻的干枯枝。幼树以整形为主,配备三主枝自然开心形,对各主枝的顶端适当短截,促使抽发延长枝,幼树整形修剪宜轻不宜重,注意保留下部和内堂枝叶,对严重影响树冠的徒长枝和弱枝及时进行回缩或逐步剪除。

③成年果树修剪,对大树锯除树冠中上部粗枝开窗,剪去树冠中下部上下重叠枝、左右交叉枝、病虫滋生枝、少叶干枯枝、短弱黄叶的枝组(小枝群)形成上尖下大,矮干、多主枝。各级枝梢多而分布均匀,结构紧凑而疏密适度,下部、内部有一定光照,内堂枝饱满。同时抹除夏梢和秋梢,短截内堂萌蘖枝梢,促使成为次年结果枝。

整形和修剪相互依存,相互补充。要培养和维持良好的树形,必须通过一系列修剪处理来实现。没有通过整形的植株,难以进行合理的修剪。整形修剪贯穿于柑橘生命周期的始终,但在不同的发育阶段又各有侧重。幼树以整形为主,成年树主要通过各种修剪技术来保持、调整树形,调节营养生长和生殖生长的矛盾,以达到延长树体经济寿命的目的。

（六）柑橘采收及采后处理

1. 适时采摘

果面基本转黄（自然脱青不超过 50%）、果实较坚实时开始采收。严禁恶性早采,避免过熟采摘。

久雨或大雨之后,最好间隔 3 ~ 5 d 开采,最少间隔 1 d 开采。严禁停雨即采,杜绝冒雨采摘。在大风天气、雾未散开、露水未干或叶果之上有雪、霜、淞时,均不可采摘。

2. 采收方法

使用圆头果剪采果,一果两剪,果梗齐果肩处剪平(以不挂脸为度)。严禁留长果把,杜绝果萼损伤。

3. 采收原则

选黄留青,分期分批采收;轻采轻放,防止机械损伤;随采随运,避免日晒雨淋。严禁"一剪清(一次性摘完)",杜绝"扯(果)、拉(果)、抛(果)"。

4. 脱青催熟

不及七成熟的果实,不得进行催熟处理。可在防腐处理时使用乙烯利浸果,之后在果品储藏库中脱青。也可在脱青库中使用乙烯气体催熟。严禁使用化学染色剂处理果实。

（七）预防柑橘大小年"六看"管理

1. "看"树

柑橘园中有幼树、成年树、低产树、丰产树等。从生育进程看,有芽前、抽梢、现蕾、开花、结果期。看树施肥应是幼树少施、大树多施,低产树、强壮树少施。氮、磷、钾肥的施用比例为 1∶0.5∶1。幼树要重施磷肥,成龄结果树重施钾肥。一般芽前肥占施肥总量的 40% ~ 45%,抽梢壮果肥占 20% ~ 25%,采果肥占 35% 左右。

2. "看"根

柑橘一年发生新根 2 ~ 3 次,以 6—7 月发根量最多,此时吸收肥料的能力最强。但施肥若不注意也极易伤害新根。前期施肥要浅施、淡施。幼树要薄施、勤施。采果后施肥为了诱根下扎要深施、重施。

3. "看"果

对头年结果较多的大树,为防止次年少结果,当树上着生幼果 200 个左右时,应变方法就是要将冬施基肥改为夏季补肥,即在树冠周围挖深 30~50 cm、宽 40 cm 左右的沟,每株施生物有机复合肥 4~5 kg,配施尿素 50 g、钾肥 20 g,边施边盖土,天旱时要及时灌水,这样,既可快慢结合、分次供肥,又可提高肥料利用率,确保正常结果、壮果。

4.“看”肥

高产柑橘多以施用有机肥为主,配合施用化肥。有机肥必须充分腐熟,尚未腐熟的肥料深埋之后易烧伤根系。腐熟的肥料不宜过量施,施肥过量易发生反渗透现象引起树叶干枯。同时,要配施硼、锌等微量元素。

5.“看”天气

雨期撒施肥料容易流失,干旱施肥难以分解,高温施肥易造成灼伤,低温施肥难以吸收。要改善橘园农田水系设施,做到能排能灌,并根据天气变化,做到大雨前抢晴天施肥,旱涝灾害之后施速效肥,并进行根外喷肥。

6.“看”土

砂性土供肥能力差,应勤施、浅施、薄施。黏重土可深浅交替施用,注意疏松土壤。土层深厚的壤土,应开沟深施。酸性土壤防止过多施用酸性肥料,偏碱的土壤勿施碱性肥料。

第二节　枇杷栽培技术

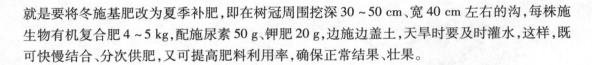

枇杷为亚热带常绿果树。年平均温度在 12~15 ℃ 以上,冬季不低于 -6 ℃,年降雨量 1 000 mm 以上的地区均可种植枇杷。武陵山地区枇杷栽培较多。枇杷味道鲜美,含有各种果糖、葡萄糖、铁、钙以及维生素 A、维生素 B、维生素 C 等营养素。中医认为枇杷果实有润肺、止咳、止渴的功效。

一、建园及土壤改良

应选择交通方便的地方建园。枇杷对土壤适应性很强,但以深厚肥沃,pH 值为 6~6.5 的微酸性土壤为好。枇杷的根系分布浅,扩展力弱,抗风力差,必须对土壤进行深翻改土或壕沟压绿或大穴压绿,将苗木定植于沟上或大穴上(土层不足 50 cm 的应爆破改土),以后每年向外扩穴深翻压绿,以提高土壤透气性和肥力,引根深入土中,增强根系生长,扩大根群分布,使植株生长健壮,增加抗风力。对平地或黏性土,应每 2~4 行开 40 cm,50~60 cm 深的通沟排水。

二、苗木定植

1. 栽植时间

在冬季较冷的地区,为避免冻害,应在春季定植。南方大部分地区冬季温暖,在 9 月一次年 3 月均可定植,但以 10—11 月为好。

2. 苗木处理

苗木栽植前一定要用多菌灵等杀菌剂浸泡 15～30 min,浸泡苗木至嫁接口 10 cm 以上,这是提高成活率的关键措施之一。打泥浆栽植。枇杷叶大蒸腾量大,栽时应剪去所有叶片的 1/2～2/3,嫩梢全部剪掉。每天叶面喷水 3～4 次。

3. 栽植密度

对矮密早果园可按株行距 1.3 m 或 1.52 m(亩栽 222 株)和 2.3 m(亩栽 111 株)几种方式栽植。

4. 栽植方法

栽植时应将根系分布均匀,分层压入泥土,以刚盖到根茎部为宜,并使根茎部分高于周围地面 10～20 cm。然后在植株周围筑土埂,在土埂内浇灌定根水,每株浇水 20～25 kg,必须浇足浇透,这是提高苗木成活率的关键。待水透入土壤后,再盖上一层细土,最后用薄膜覆盖树盘 1 m² 的范围,以保持土壤湿度和提高地温。栽后若长久干旱应继续浇水。

三、施肥

枇杷为常绿果树,叶茂花繁,需肥比落叶果树多。应氮、磷、钾肥配合使用。幼年树以氮、磷肥为主,成年树则配合钾肥。施肥时间必须结合枝梢和根系生长而确定。枇杷的枝每年有 4 次抽梢高峰,主要为春梢(2—4 月)、夏梢(5—6 月)、秋梢(8—9 月)和冬梢(11—12 月),以春梢、夏梢、秋梢为主。枇杷的根系活动与地上部分枝梢生长有明显的交替现象,一般根系比枝梢生长早两周左右,一年有 3～4 次生长高峰,即从 1 月底—3 月初为第一次,此次生长量最大;5 月中旬—6 月中旬为第二次;8 月中旬—9 月为第三次;10 月—11 月底为第四次。结合根系与枝梢生长特点,成年果园,一般每年施 3 次肥即可。

第一次施春梢肥,2 月上中旬施用,此时根系处于第一次生长高峰,便于吸收养分,主要作用是促发春梢和增大果实。由于春梢能成为当年的结果枝和夏梢、秋梢的基枝,因此此次施肥比较重要,占全年 30% 左右,以速效肥为主,钾肥在此次一并施入,以促进幼果膨大。每亩可施尿素 30 kg、过磷酸钙(磷肥)15 kg、硫酸钾(钾肥)30 kg、人畜水 1 000 kg 左右。

第二次施夏梢肥,在 5 月中旬—6 月上旬采果后施用(晚熟品种采果前施)。此时正值根系第二次生长高峰,主要促发夏梢,并促进7—8月的花芽分化。由于夏梢抽生多而整齐,且当年多能形成结果母枝,促发夏梢是保证年年丰产的主要措施,因此此次施肥量很大,约占全年的50%,以速效化肥结合有机肥施用,磷肥全部施入(以利于花芽分化)。一般亩施尿素100 kg、磷肥(过磷酸钙)30 kg、有机肥2 000～3 000 kg。

第三次施秋肥或花前肥,在9月—10月上旬,抽穗后开花前施用,占全年20%左右,主要促进开花良好,提高坐果率和增加防寒越冬能力,以迟效肥为主。亩施尿素10 kg、有机肥1 000～1 500 kg。

幼年树施肥采用薄施勤施的原则。从栽植成活至萌芽时施第一次肥,以速效氮肥加速效磷肥和清水粪为主。以后每1个月施肥1次,10月止。第一次亩施尿素2.5 kg、过磷酸钙5 kg、清水粪250 kg,以后逐月增加。第二年于2,4,6,8,10月各施肥1次。苗木栽植成活春季发芽后,在4—5月每隔10 d左右,用磷酸二氢钾加云大120或云苔素,加杀病虫的杀菌杀虫剂喷1次,连续喷施4～5次。采取这一技术措施对提高苗木的成活率极为关键。

四、果园间作与深翻、排水与灌水

1. 果园间作

幼年果园行间可间作豆类作物和蔬菜、草莓等,以种植绿肥为好,在4—8月将其割下盖于树盘内。成年果园在4—9月可用杂草或作物稿秆等覆盖树盘,在秋季施肥或扩穴改土时一并压入园中,既可培肥土壤,又可在夏季保持土壤湿润,降低地温,有利于植株生长。冬季覆盖树盘则有利于枇杷越冬。冬季全园中耕一次,以10～20 cm深为宜。

2. 深翻

对壕沟改土和大穴定植的果园应在秋季扩穴深翻压入杂草、稿秆、磷肥等。应在3～5年内全园翻完。有利于引导根系向下生长,增加吸肥能力。

3. 排水与灌水

枇杷在果实成熟期间若降雨过多,易造成果实着色不良和裂果。在多雨地区,应注意排水。春早期间正值幼果发育时期(3—4月),应适当灌水。夏季干旱对花芽分化和花穗的生长发育有严重影响,尤其是8—9月,如天气干燥均应灌水抗旱。

五、整形修剪

(一)整形

枇杷分枝具有明显的规律性,顶芽生长势强,腋芽小而不明显,生长势弱,萌芽时的顶芽和附近几个腋芽抽生枝梢,而下部的腋芽,均成为隐芽,顶芽为中心枝向上延伸,腋芽则为侧枝向四周扩展。枇杷中心干非常明显,树体表现为明显的层性。为了适应这一特性,常采用小冠主干分层形和扇形整形方式。

1. 小冠主干分层形

由主干分层演变而来,树形产量高,负荷大,主干高 30～40 cm,第一层 4 个主枝与中心干呈 60°～70°夹角,第二层 3 个主枝与中心干呈 45°夹角,第三层两个主枝与中心干呈 30°夹角。3～4 年完成整形,成形后树高 2.5 m 左右,以后随着树年龄的增大应落头开心,减少主枝层数。其整形方法为:选择 30～40 cm 的苗木定植,栽后不作任何修剪,待其抽生顶芽和侧芽(腋芽),顶芽任其自然向上生长,选留 4 个腋芽枝为第一层主枝,伸向 4 个方向,使之与中心干呈 70°夹角(可用竹竿固定),其余枝梢在 7 月上中旬枝梢停止生长时扭梢、环割,拉平以促进成花。中心干第二次萌发的侧枝,若与第一层相距在 40 cm 以下,则在 30 cm 处扭梢,若分枝距第一层在 40 cm 以上,则选作第一层主枝,与中心干呈 50°～60°夹角,按同法选留第三、四层主枝(与中心呈 30°～45°夹角)。等第四层主枝留好后,剪除中心干,其余枝除主枝顶芽按其生长外,其他侧枝背上枝均在 7 月中旬扭梢、环割促花。

2. 扇形

扇形通风透光好,前期产量高,丰产性好,品质优良,见效快。扇形适合行距 2 m、株距 1.5 m,亩栽 222 株的密植园。整形方法为:第一年栽苗时按南北行向栽植,第一层分枝斜向行间呈东南、西北行向,与行间呈 45°夹角,伸向株间的枝全部修剪去掉。第二层枝与第一层枝间距 50～60 cm,方向与第一层枝同向,树体高度控制在 2 m 左右。

(二)修剪

对幼年树一般不剪,让其多发枝梢,除让主枝保持预定角度生长外,其余枝梢均在 7 月新梢停止生长时对其扭梢、环割。将从中心干发出的非主枝拉平,促使早成花,对过密枝在第二三年适当疏除即可。

成年树主要在春季和夏季进行两次修剪,春季修剪在 2—3 月结合疏果进行,主要疏除衰弱枝、密生枝和徒长枝等,增加春梢发生量,减少大小年。夏季修剪在采果后进行,主要疏除密生枝、纤弱枝、病虫枝以利改善光照,对过高的植株回缩中心干,落头开心。对部分外移的枝进行回缩,使行间保持 0.8～1 m 的距离,株间不过分交叉,疏除果桩或结果枝的果轴,以促发夏梢,达到年年丰产的目标。

六、花及果实管理

1. 疏花疏果

枇杷春、夏梢都易成花,每个花穗一般有 60～100 朵花,但只有 5% 的花形成产量,必须疏除过多的花,尤其是大五星枇杷为了生产优质商品果必须疏除相当部分的花和幼果。疏花在10月下旬—11月进行,对花过多的树,应将部分花穗从基部疏除;中等树可将部分花穗疏除1/2。总之,根据花量确定疏花的多少。适当疏花后,可使花穗得到充足的养分,增加对不良环境的抵抗力,提高坐果率。疏果在2—3月春暖后进行为宜。疏除部分小果和病果,每穗按情况留1~3个果即可。

2. 保花保果

对部分坐果率低的品种和花星少的植株,以及冬季有冻害地区的植株,应实行保花保果,多余的果在3月中旬后疏除,以确保丰产。保花保果的主要方法:①头年11月上旬(开花前)、12月下旬(花后)和次年1月中旬各喷1次0.8%的枇杷大果灵(可参照说明书使用)。②谢花期用10 mg/L(10 mg/kg)的九二〇叶面喷施可提高坐果率5%。③花开2/3时用0.25%磷酸二氢钾加0.2%尿素和0.1%硼砂叶面喷施可提高坐果率34%。

3. 果实套袋

果实套袋可防治紫斑病、吸果夜蛾及鸟类危害,减少雨后太阳暴晒时造成的裂果。同时,可避免药液喷洒在果面上,还可使果实着色好,外表美观,提高果品品质和商品价值。套袋时间以最后一次疏果后进行为宜,一般在3月下旬—4月上旬,套袋前必须喷一次广谱性杀虫杀菌剂的混合药液。所用套接纸可用日报纸和专门的果实袋。大型果可一果一袋,小果则一穗一袋。先从树顶开始套,然后向下,向外套,袋口用线扎紧,也可用订书机订好。

七、果实采收

枇杷果实最好在果皮充分着色成熟时分批采收,先着色的先采,若要长途运输则适当早采。枇杷果皮薄,肉嫩汁多,皮上有一层绒毛,采摘时要特别小心,宜用手拿果穗或果梗,小心剪下,不要擦伤果面绒毛,碰伤果实。采后轻轻放在垫有棕片或草的篮中。采收时间在上午、下午或阴天为好,不能在下大雨或高温烈日下采收。

第三节　草莓栽培技术

草莓属蔷薇科多年生草本水果。草莓集食用和观赏于一体,经济价值极高,果实深受人们喜爱。

一、土壤选择及整地施肥

根据草莓喜光、喜水、怕旱、怕涝、喜肥沃、不耐瘠薄、喜酸性土壤、在轻碱性土壤也可栽植的特性，要选择水源方便、光照好的平地或向阳的南坡种植。草莓适应的土壤范围极为广泛，庭前屋后及熟耕地均可栽植。草莓是须根系，根系分布浅，根系特别发达，砂土或壤土有利于草莓根系生长，土壤 pH 以中性或弱酸性为宜。

根据草莓栽培中病害较多的实际情况，结合整地做好病虫源的控制，结合整地进行夏季高温土壤消毒杀虫灭菌。具体做法是在 7 月中旬—8 月中旬高温休闲季节，将土壤翻耕后用地膜覆盖，利用太阳晒土高温杀虫灭菌。在草莓栽培前半个月左右，撤去地膜再对土壤进行一次深耕，捡出土壤中的粗大石块和杂质。进行开厢提垄，一般厢面宽 60～70 cm，垄沟宽面 25 cm，垄沟深 25～30 cm。开厢方向因土壤位置而定，一般以南北朝向为宜。厢开好后，把厢面 10 cm 松土扒到垄的四周，把厢内凹面整平。在晴天铺上 15～20 cm 厚从周围林地收集来的枯枝腐叶，点燃让其慢燃，既可补充土壤钾肥和微量元素，也可杀死土壤中的病菌虫卵。待土壤冷却后进行翻耕，再在内厢面均匀堆放 8～10 cm 厚以猪粪、鸡粪等为主的腐熟有机肥，进行一次松土，使土壤和肥料混合均匀。撒入 2～3 cm 厚的菜油饼，用人畜粪尿液体肥泼湿，把垄边松土回填厢面整平，让肥料在土壤中充分发酵，等候栽植。

二、培育壮苗

在绿色无公害草莓栽培中，为了保证幼苗质量，采用草莓匍匐茎繁殖培育。在重庆黔江区，每年 5—6 月是匍匐茎生长最迅速的时候，也是草莓果实迅速膨大和采收季节，生长矛盾相对突出。这时，对选定的苗木培植地，要有意向地把匍匐茎引向闲置区域，并适当覆土压实，促进匍匐蔓抽发不定根和新芽。在果实采收结束后，迅速除去花穗柄和基部腐叶，把畦面畦沟挖平，把匍匐茎引向松土的空隙地，并浇一次定根水，对老植株追施一次清粪水，促发苗壮匍匐茎抽发。可间株拔出老株，留出多余的、空闲的，便于新植株培养。对已经长根的 2～3 叶新苗，选择水源充足的阴凉地及时进行假植。假植地要施足腐熟基肥，开好厢，假植密度以 15 cm×15 cm 较合适，过密易形成"一炷香"。检查假植苗生长成活情况，及时补苗，拔出病苗、弱苗和杂草。7—8 月的伏旱期是培养幼苗质量的关键期，这期间，光照强，温度高，降水少，土壤水分蒸发量大，如果管理不好，多数幼苗会干旱缺水至死。在这期间，每 2～3 d 要对土壤浇一次透水，并用树枝搭建遮阳棚，防止强光直射，灼伤嫩叶。在伏旱过后，浇一次稀释后的腐熟清粪水，培养壮苗。

三、草莓定植

（一）定植时间

由于是纯天然栽培，因此定植时间要按照当地纬度和气候变化来确定。例如，一年四季分明的重庆东南武陵山地区,一般在10月20日—11月10日栽植较为合适。栽植过早,温度过高,植株水分蒸发量大,栽植成活率低;栽植成活后,造成生长期较长,通过一段时间的营养生长后,在冬季来临之前5~15 ℃进行大量花芽分化,并迅速开花,冬季低温影响形成僵果,减少次年开花数量,影响次年的草莓开花结果,从而影响产量。栽植过晚,营养生长不足,植株弱小,根系不发达,花芽分化不完全,次年产量低。合理安排定植时间是获得高产的一个重要因素。

(二)定植方式及密度

在草莓栽植前,应对畦面浇一次透水,避免新栽草莓苗下陷,影响栽植效果。起苗时,尽量要多带根系,并用枝剪剪除老叶和黄叶。若苗圃与定植园距离较近,要尽量多带泥土保持根系完整,采用行距宽株距窄的宽窄行栽培提高边际效应。用小锄头在厢面按株距25~30 cm挖定植穴,穴底要平,幼苗根系放入定植穴后,根系要向四周伸展,把草莓苗弓背新茎方向朝沟,然后用四周松土适当压紧。栽植深度有讲究,要做到"深不埋心,浅不露根"。栽植过深,苗心被埋土中,后面施追肥达不及根本,易造成幼苗腐烂或"活苗不长"现象。栽植过浅,根茎外露,不易产生新根,容易引起幼苗干枯死亡。种植密度以每6 000株/667 m^{2}为宜。

四、生长期的管理

纯天然绿色无公害的农业生产管理应更精细化:一是根据厢面杂草生长情况,注意锄草,特别是开春后,杂草生长迅速,锄草要锄"小"锄"了"。同时,要及时除去草莓茎基部的黄叶烂叶。二是开春前,适时浇水,保持土壤湿润,有利于土壤保温,防止低温冻害。三是合理追肥。草莓采果期较长,一季草莓采果期近两个月,容易脱肥,要进行追肥。追肥时间第一次是在后植株迅速生长之初,第二次是在开花封膜之前。考虑追肥中不能施用化肥,也不施用人粪尿,避免人体寄生虫传播。在生产中,追肥常常用菜籽饼粉碎后用水泡透,并充分发酵,用水稀释后作追肥施用效果较好。如果条件不具备,可以用猪粪尿经过发酵后的清粪水作追肥。追肥时,先在草莓茎近基部挖浅的施肥穴,有利于水肥浸润土壤中。同时,注意液肥不要掉到叶片上,造成烧叶。施肥后迅速回土覆盖,避免液肥的流失。四是适时疏除。对发育不良的小果和头年开花形成的僵果要及时疏除,避免影响植株抽发新梢和进行花芽分化,影响草莓产量和品质。五是开春后适时覆盖地膜。地膜是厚度为0.010~0.012 mm覆盖整个畦面。地膜不能覆盖太早,杂草在地膜下生长迅速,不便于锄草。覆膜后不利于垄面对雨水的吸收,还不能施肥。覆膜一般是植株基本生长成型正在抽花穗时覆盖较为合适。覆膜后,为了保证草莓生长对水分需要,一般采用的方法是等高开垄。垄沟较深,一般为20~25 cm,在覆膜后,用泥土封住垄沟两端扎紧,高度略低于垄面15 cm为宜,这既有利于蓄积垄面流出的雨水,供草莓生长用水,还能避免雨水冲刷垄面形成水沟。六是要及时摘除抽发的匍匐茎。对不是备用育苗的草莓地,要及时摘除新抽发的匍匐茎,避免养分浪费,使养

分集中供养新抽发的花穗,促进果实生长发育。

五、病虫防治

在绿色无公害草莓栽培中,病虫防治应采用农业综合防治措施:一是选择抗病虫的品种,不引进带病种苗;二是进行轮作,减轻病虫害;三是结合整地在夏季进行高温盖地膜杀灭病虫源;四是及时清除田间残留的病株、黄叶、病果等,搞好园内卫生,保持园内通风良好,控制水分降低田间湿度,避免炭疽病等病害发生;五是在整土提垄后,收集田边、林下枯枝落叶,均匀铺在垄面上,厚度为 15 ~ 20 cm,然后点火慢燃,杀死病菌虫卵,减少病虫害源。

六、果实的采收

在武陵山地区,露天栽培的草莓,一般在 4 月下旬开始成熟,一直到 6 月上、中旬采摘结束。在果实采摘期,每天上午采摘一次。采摘时,手握果柄折断。采下的浆果要带少量果柄,并保持花萼完整不受损伤,否则会导致浆果腐烂。在采摘过程中,要轻采轻放,切忌碰伤。对虫伤果、畸形果和腐烂果等不符合要求的果实,采摘时要带到园外进行集中处理。采摘后的草莓应销售和加工,及时食用。

第十二章 落叶果树栽培技术

第一节 猕猴桃栽培技术

猕猴桃树原产我国。武陵山区适合猕猴桃种植,山坡上野生猕猴桃随处可见,还生长着品质很优的野生红心猕猴桃,目前更多的是产业化栽培。猕猴桃鲜果中维生素C的含量特别丰富,维生素C的含量比苹果、甜橙高几倍到十几倍,还含有维生素P(即卢丁)和蛋白分解酶,有降低血压和帮助消化的作用,为一种保健营养食品。在药用价值方面,据现代医学临床试验,其鲜果及果汁对麻风病、消化道癌症、高血压及心血管病等具有一定的预防作用和辅助疗效。

一、猕猴桃的种植种类和品种

猕猴桃属的植物种类很多,其中果实大、经济价值高的是中华猕猴桃和美味猕猴桃两个品种。中华猕猴桃果实上的茸毛短而柔,果实成熟时几乎完全脱落,果皮较光滑(有时也略粗糙);美味猕猴桃果实上的毛较长较粗硬脱落晚,果熟时硬毛犹存,果皮较粗糙,一般耐储性较好。武陵山区红心猕猴桃见图4。

二、猕猴桃的繁殖方法

猕猴桃种子细小,育苗时必须细致小心。选充分成熟的果实,待后熟变软后取出种子,洗净阴干储放。播种前40~50 d将种子先放在温水中浸泡2~3 h,然后置于容器中低温沙藏。容器可放在背阴冷凉处,上盖稻草,隔20 d左右将种子上下翻动一次,使湿度均匀,通气良好。当有30%~50%的种子开始萌动露白时即可作畦播种,长江中下游地区在3月上、中

图4 武陵山区红心猕猴桃

旬。播种前将种子放在$100×10^{-6}$赤霉素溶液中浸泡6 h,然后播种,可提高种子出苗率。

猕猴桃幼苗顶土力差,床土要细,畦面要平。播种前,畦内先灌足水,待水下渗后再播种。一般可按15 cm行距、20 cm播幅进行完幅条播。每平方米床面掌握1 g左右的播种量,混同沙藏的湿沙一起播下。播后盖细土2~3 mm,用稻草或塑料薄膜覆盖保墒。如土壤缺水,需用喷壶及时喷水。通常7 d左右种子可以伸出胚根,15 d左右即可出苗。这时要及时除去覆盖物,保证顺利出苗。幼苗不耐强光暴晒,出土后需搭盖前棚适当遮阳。

常用扦插法来繁殖猕猴桃苗木。在生长期间,进行带叶绿枝扦插比春季硬枝扦插更易生根。但插床上须搭荫棚,做好保湿降温工作。在进行嫁接及扦插时,要注意将雌雄株分接、分育,不要混杂。

三、猕猴桃树的栽植方法

中华猕猴桃和美味猕猴桃喜温暖湿润的气候条件,在疏松肥沃、水源充足、富含腐殖质的土壤中生长良好,适应性较广。江淮流域,特别是丘陵山区宜栽培。栽植猕猴挑时,雌雄株一般按8∶1的比例配植,雄株要分布均匀。栽植距离依架式而异,单篱架式栽培,行间保持3~5 m,株间保持2~4 m,每公顷栽植500~1 600株。水平棚架式栽培,行距保持4~6 m,株距保持4~5 m,每公顷栽植330~620株。目前生产上多采用单篱架式。此外,还有在单篱架的柱顶上架设1~1.5 m长的横梁,上拉铁丝,形成乡棚架的。这种架式可充分利用空间,提高单位面积产量。国外近年采用V形架式,留两主枝分向左右缘在60°倾斜的支架上,适于密植高产和机耕。江苏形江县果农采用直立单干形整形法,对主要枝蔓采用弓形引缚或吊挂,尤宜密植栽培,架材投资较少。

四、猕猴桃树的整形修剪

整形修剪依架式而异。单篱架式栽培时,可采用双臂式水平整形。定植时选留一个生长势强的枝蔓作主干,在第一道铁丝下方10~15 cm处短截。第二年冬剪时由剪口芽抽生的枝条继续保持直立延伸,在第二道铁丝下方剪截,其下选留两个枝条分向左右作为第一层主蔓。以后各年都按整形要求分生第二、三层主蔓,向两侧引缚。各层主蔓上每隔30～40 cm选留结果母枝。新梢生长旺盛时也可早期摘心,促发分枝,使形成各层主蔓及结果母枝。

修剪根据枝条的结果习性,对能成为结果母枝的健壮枝条一般剪留10～15节。枝条数量较多时则双数部分枝条留3～4芽短截,作为预备枝。幼树适当多留结果母枝可达早期丰产。

已经结过果的长、中果枝能连续结果,冬剪时依枝条强弱在最后结果部位以上留2～4芽短截。短果枝结果后一般不加短截,以免干枯,生长衰弱的需疏除。对连续结果2～3年后的枝条应缩剪到干部健壮部位及时更新。对徒长枝可根据其抽生的部位或疏剪,或留5～6芽短截,作为更新枝。所有细弱枝和密生枝在冬剪时都应疏除。

生长期间,要进行新梢管理和疏花疏果。在枝梢尚未木质化和卷绕前应经常摘心并加绑缚,摘心根据架面空间一般留长15～20节。如抽生二次梢或三次梢,则留2～4叶反复摘心。旺势枝从基部疏除,或在1 m左右处环缢,以抑制生长和促使下部芽子饱满。全树新梢旺长时,可在新梢迅速生长前喷布比久、乙烯利或多效唑等生长延缓剂,对长果枝和徒长性果枝在最上部果实留7～8叶摘心,或将先端弯曲固定以抑制顶端优势。结果母枝上抽生芽梢过于密集时需适当疏除,大约每隔30 cm选留1个结果新梢。

五、授粉

猕猴桃属虫媒花。花期遇有低温、连阴雨天气影响昆虫活动时,应进行人工辅助授粉。天气正常着果过多时,应及早疏花疏果。同一枝条上疏去基部的花蕾和幼果,留中上部果。中、长果枝一般每枝留2～5果,短果枝上每枝留1果或不留果。

六、施肥

猕猴桃的基肥施用可参照葡萄进行,追肥施用在萌芽前15～20 d和着果后果实生长前进行,以促进花芽分化、花器发育、新梢生长和果实迅速膨大。

七、病虫防治

危害猕猴桃的病虫害较少。常见病害有褐斑病和根结线虫病。常见虫害主要是一些杂食性的害虫,如金龟子类、卷叶虫类、介壳虫类、斑衣蜡蝉及透翅蛾等。目前生产上基本不造成大的经济危害。一般可采用以农业防治为主的综合防治法。

第二节　梨树栽培技术

梨属于蔷薇科苹果亚科梨属,全属约有 35 种,野生于欧洲、亚洲、非洲,主要集中于地中海、高加索、中亚和我国。我国梨的品种很多,现有品种 3 000 余个,一般按植物学分为 5 个系统,南方栽培的主要是砂梨系统。

一、种类与品种选择

梨树适应性广,在武陵山区广泛栽培。砂梨适合温暖湿润气候条件栽培,砂梨系统中主要优良品种有翠冠梨、翠玉梨、黄花梨、幸水、新世纪、菊水、晚三吉等。主栽品种有翠冠梨、晚秋皇冠梨、黄金梨等。

二、育苗

梨苗都用嫁接法繁殖。杜梨作砧木抗旱耐湿,也耐盐碱性土壤,淮北地区应用较多,南方也可采用。豆梨耐涝抗旱,并抗腐烂病,在黏重土上生长良好,长江流域以南各省多用作砧木,苗期生长较慢。砂梨野生种耐湿、耐热,抗旱力稍弱,幼苗前期生长快,是南方温暖多雨的常用砧木。每千平方米播种量,大粒种子 2.3 ~ 3.0 kg,小粒种子 1 ~ 1.5 kg。种子秋播或经沙藏层积处理后春播。层积温度保持 1 ~ 5 ℃,层积天数一般为 50 ~ 70 d。梨砧木实生苗前期生长较慢,而当年嫁接时要求砧木粗度至少在 0.6 cm 以上。生产上可对木苗采取勤施肥水,适期摘心促进砧木苗加速增粗,以提高嫁接率。当年秋季嫁接多用芽接法,如芽接没有成活,第二年春天可用枝接法补接。对芽接成活苗 8—9 月间进行圃内断根或冬季剪主根移栽,可促进侧根的生长,提高出圃苗的标准,有利于提高苗木的栽植成活率。

三、建园

根据交通条件和市场需求合理搭配早、中、晚熟品种。株行距为 3 m×4 m 或 2.5 m×4 m。选择好授粉品种,授粉品种与主栽品种的比例一般为 1∶2,可同时栽植两个授粉品种,一般主栽品种 3 ~ 4 行配置 1 行授粉品种。主栽品种与授粉品种间应能相互良好授粉。

1. 栽植时期

梨树从苗木落叶后至发芽前都可栽种,秋栽苗木成活率高,缓苗期短,第二年生长旺盛。如遇冬旱缺水,则宜春栽。

2.栽植技术

按株行距定点挖穴，一般沙质土，穴宽80 cm，深50～60 cm。先放入30～40 cm的稻草、腐枝等，并将表土加入踏紧，再施有机肥（猪、牛粪）50～80 kg或腐熟的鸡粪10 kg，并加钙、镁、磷肥1～2 kg（碱性土壤可用过磷酸钙）与土混合填入，做成馒头形。种植前将梨苗粗根剪去2～3 cm，促进新根发生，嫁接处薄膜需解除，以免影响主干生长。种植时嫁接口露出地面5～10 cm，踏实根际土壤，立即浇足水。风口地带需设立支柱，防范倒伏。

四、整形和修剪

（一）整形

梨树主干明显，多采用疏散分层形整形。干高60～80 cm，具有明显的主干。主枝稀疏，分层排列于中心领导干上。第一层为基部3个主枝；第二层距第1层1 m左右，2个主枝；第三层距第2层50 cm左右，1个主枝。第一层的每个主枝上有2～3个侧枝；第二层的每个主枝上有1～2个侧枝；第三层上有1个主枝。第一、二层的主枝间有20～30 cm的距离。全树有主枝5～6个，第一层主枝的基角为45°左右，上层主枝角度可略小。

（二）修剪

定干高度为60～80 cm。第一层主枝上的第1侧枝距主干50 cm左右，第2侧枝距第1侧枝40 cm左右，第3侧枝距第2侧枝30 cm左右；第二层主枝上的第1侧枝距中心干40 cm左右，第2侧枝距第1侧枝30 cm左右。

幼龄期梨树的修剪要培养各级骨干枝，其余枝条也要少疏多留，以尽量扩大结果部位。培养结果枝组时，第一年对生长枝留4～6芽或留6～8芽短截，第二年对先端长枝去强留弱，后部能形成短枝花芽开花结果。对所留长枝继续留4～6芽或6～8芽短截，可形成良好的结果枝组。

对生长势强，花芽较难形成的品种，宜采用先放后缩的方法培养枝组。进入初果期后，树形已基本形成，此时应对中心干落头开心，控制树高并改善上层光照条件。同时，逐步清理各类辅养枝。

为维持盛果期树稳定的产量，单株每年应保持一定的总枝量，其中长枝应占10%～15%，并在树冠内外分布均匀。当枝组上果枝较多时，应适当回缩。做到大年树重剪长、中果枝，留作预备枝，同时轻剪生长枝促使成花；小年树基本不剪果枝，并充分利用中、长果枝和腋花芽枝结果，同时重剪生长枝，促使来年生长新梢而少形成花芽，减少大年的成花量。当骨干角度开张过大，致枝头下垂或大、中型枝组结果部位外移严重，后部光秃时，要及时回缩疏枝，使更新复壮，维持树势，延长盛果年限。

对短果枝群进行冬剪时，当果台上抽生2个果台枝时，可保留1个，疏截1个。根据果台枝生长的强弱和花芽有无采用截长留短、疏弱留壮,使交替结果,稳定产量。短果枝群上的分枝数不宜超过 5 个,也不宜使各芽同年结果,花芽叶芽比以 2:3 为妥。果台上如不发副梢的,可破果台或去果台修剪,促使下部发生更新枝。对易发枝过多形成簇生状短枝群的品种要细致修剪,去弱留强,防止早衰。进入衰老期后,可利用内膛的徒长枝形成新树冠,继续结果。缺乏适当的徒长枝时,可选骨干枝的适当部位进行露骨更新,剪锯口下应留角度适宜的领头枝,加以短截,其下枝条也进行短截,以提高复壮能力。梨隐芽寿命长,数量多,树冠更新的效果优。

五、土、肥、水管理

土壤深翻熟化是梨树增产技术的基本措施。深翻改土一般在秋季果实采收后到冬季落叶前进行,方法有扩穴、全园深翻、隔行或间株深翻。栽后 1~2 年及时向外扩穴或扩沟 1 m左右,用 2~3 年将株行间全部挖通。深翻深度一般以 30~40 cm 为宜,有条件的地方可采取隔年轮翻,1,3,5 的树体在原穴的两侧开深 80 cm,宽 50 cm 左右的深沟,2,4,6 年的树体在另两侧开深沟,结合施入基肥。

施基肥的标准一般为 100 kg 梨果最少需有机肥(猪、羊厩肥)100 kg,再混入 2.5 kg 磷肥,有利于产量和品质的提高。除基肥外,在生长期应适时追肥,一年中一般要求施 3 次追肥。第一次为花后肥,时间为 4 月中、下旬,促进枝叶生长、花芽分化和果实膨大;第二次为果实膨大期,时间为 5 月中旬—6 月上旬;第三次为采后肥,时间为 8 月下旬—9 月中旬,增加叶色,延长叶片寿命,恢复树势。追肥可结合灌水进行。还需要根外追肥。可结合喷药施入适量磷、钾等肥,常用浓度为尿素 0.3%~0.5%(高温时 0.2%~0.3%)、磷酸钙 0.5%、硫酸钾 0.3%~1%、磷酸二氢钾 0.2%~0.3%。此外,腐熟人尿 5%~10%、草木灰漫出液3%~10%(不能与农药混用)。

在冬季和春季可进行果园灌水防冻,干旱季节要及时灌水,雨多季节要用蓄水池蓄水及做好排水。

六、疏花疏果

1. 疏花蕾

开花前疏花蕾,疏蕾标准一般按 20 cm 左右保留一个花蕾。疏蕾原则为疏弱留强,疏小留大,疏密留疏,疏腋花芽留顶花芽,疏下留上,疏除萌动过迟的花蕾,疏除副花蕾。

2. 疏果

疏果根据品种、树势、花期、气候而定。疏果应在谢花后 10~20 d 完成。花量多、树势弱、着果率高的应早疏,花量少的幼树、旺树应迟疏或少疏。天气正常年份宜早疏,反之宜迟疏。确定留果量按叶果比,一般中小型果为(25~30):1,大型果(35~40):1。疏果方法从花序基部数起,一般选留第二或第三个果,其余的全部疏除。正常年份一个果台可留一个果,果形中等大的品种一个果台可留 1~2 个果。

七、套袋

套果袋是目前推广的一项新技术,可以防治病虫害危害果实,提高梨果实的食品安全性。套袋时间一般是在谢花后 20 d 左右,果袋选用双层黑色纸袋。套袋前选晴天,喷施一次杀虫剂+杀菌剂,待药水干后,即可套袋。套袋时,袋口要注意扎紧,防止雨水及害虫进入。采果前 15 d 取袋,让果实着色。

八、病虫防治

目前,梨树主要病虫害有梨大食心虫、蚜虫、红蜘蛛、梨木虱、椿象、潜叶壁黑星病和轮纹病等,应农业防治与化学防治相结合。

九、采收和储藏

采收期依品种而异。一般早熟品种宜在八成熟时采收,以便运输和短期储藏;晚熟品种在充分成熟时采收,可以提高品质和储藏力。

储藏温度最好能保持在 1~5 ℃,空气相对湿度保持在 85%~90%。梨果储藏期间,易发生青霉病、褐腐病和轮纹病,引起烂果。加强果实生长期中的喷药保护,采收、运输过程中注意避免果皮损伤,选择无损伤的梨果储藏,果实消毒、包纸,均可减少发病和传病。

十、梨树年周期管理

1. 休眠期

①制订果园管理计划。准备肥料、农药及工具等生产资料,组织技术培训。
②病虫害防治。刮树皮,树干涂白。清理果园残留病叶、病果、病虫枯枝等,集中烧毁。
③全园冬季整形修剪。早春喷防护剂等防止幼树抽条。

2. 萌芽期

①做好幼树越冬的后期保护管理。新定植的幼树定干、刻芽、抹芽。根基覆地膜增温保湿。
②冬春冻融交替时全园刨园耙地,修筑树盘。中耕除草。
③及时灌水和追肥。宜使用腐熟的有机肥、水(人粪尿或沼肥)结合速效氮肥施用,满足开花坐果需要,施肥量占全年 20% 左右。若按每亩定产 2 000 kg,每产 100 kg 果实应施入氮 0.8 kg、五氧化二磷 0.6 kg、氧化钾 0.8 kg 的要求,则每亩施猪粪 400 kg、尿素 4 kg,猪粪加 4 倍水稀释后施用,施后全园春灌。

④芽鳞片松动露白时全园喷一次铲除剂,可选用 3 ~ 5 波美度石硫合剂或 45% 晶体石硫合剂。梨大食心虫、梨木虱危害严重的梨园,可加放 10% 吡虫啉可湿性粉剂 2 000 倍液消灭越冬和出蛰早期的害虫及防治梨大食心虫转芽。在根部病害和缺素症的梨园,挖根检查,发现病树应及时施农抗 120 或多种微量元素,在树基培土、地面喷雾或树干涂抹药环等阻止多种害虫出土、上树。

⑤花前复剪。去除过多的花芽(序)和衰弱花枝。

3. 开花期

①注意梨开花期当地天气预报。采用灌水、熏烟等办法预防花期霜冻。

②据田间调查与预测预报及时防治病虫害。喷 1 次 20% 氰戊菊酯乳油 3 000 倍液或 10% 吡虫啉可湿性粉剂 2 000 倍液,防治梨蚜、梨木虱。剪除梨黑星病梢,摘梨大食心虫、梨实蜂虫果,利用灯光诱杀或人工捕捉金龟子、梨茎蜂等害虫。悬挂性诱捕器或糖醋罐,测报和诱杀梨小食心虫。落花后喷 80% 代森锰锌可湿性粉剂 800 倍液防治黑星病。梨木虱、梨实蜂严重的梨园加喷 10% 吡虫啉可湿性粉剂 1 000 ~ 1 500 倍液。

③花期放蜂、人工授粉、喷硼砂。做好疏花。

4. 新梢生长与幼果膨大期

①生长季节可选用异菌脲可湿性粉剂 1 000 ~ 1 500 倍液等防治黑星病、锈病、黑斑病。选用 10% 吡虫啉可湿性粉剂 1 500 倍液或苏云金芽孢杆菌、浏阳霉素等防止螨类及其他害虫。及时剪除梨茎蜂虫梢和梨实蜂、梨大食心虫等虫果,人工捕杀金龟子。

②果实套袋。在谢花后 15 ~ 20 d 喷施 1 次腐殖酸钙或氨基酸钙,在喷钙后 2 ~ 3 d 集中喷 1 次杀菌剂与杀虫剂的混合液,药液干后立即套袋。

③土、肥、水管理。树体进入“亮叶期”后施肥,土施腐熟有机肥水(人粪尿或沼液等)或速效氮肥,适当补充钾肥(加草木灰等),每亩施猪粪 1 000 kg、尿素 6 kg、硫酸钾 20 kg,并灌水。根据需要进行叶面补肥。同时进行中耕除草,树盘覆草。

④夏季修剪。抹芽、摘心、剪梢、环割或环剥等调节营养分配,促进坐果、果实发育与花芽分化。

5. 果实迅速膨大期

①保护果实,注重防治病虫害。病害喷施杀菌剂,如 1∶2∶200(1 g 硫酸铜、1 g 生石灰、200 mL 水)波尔多液、异菌脲(扑海因)可湿性粉剂 1 000 ~ 1 500 倍液等。防虫主要选用 10% 吡虫啉可湿性粉剂 1 500 倍液、20% 灭幼脲 3 号每亩 25 g、1.2% 烟碱乳油 1 000 ~ 2000 倍液、2.5% 鱼藤酮乳油 300 ~ 500 倍液或 0.2% 苦参碱 1 000 ~ 1 500 倍液等。

②土、肥、水管理。追施氮、磷、钾复合肥,施后灌水,促进果实膨大。结合喷药多次根外追肥。干旱时全园灌水,中耕控制杂草,树盘覆草保墒。

③夏季修剪。疏除徒长枝、萌蘖枝、背上直立枝,对有利用价值和有生长空间的枝进行

拉枝、摘心。幼旺树注意控冠促花,调整枝条生长角度。

④吊枝和顶枝。防止枝条因果实增重而折断。

6. 果实成熟与采收期

①红色梨品种。摘袋透光,摘叶、转果等促进着色。

②防治病虫害,促进果实发育。喷异菌脲可湿性粉剂 1 000～1 500 倍液,同时混合代森锰锌可湿性粉剂 800 倍液等。果面艳丽、糖度高的品种采前注意防御鸟害。

③叶面喷沼液等氮肥或磷酸二氢钾。采前适度控水,促进着色和成熟,提高梨果品质。采前 30 d 停止土壤追肥,采前 20 d 停止根外追肥。

④果实分批采收。及时分级、包装与运销。

⑤清除杂草,准备秋施基肥。

7. 采果后至落叶

①土壤改良,扩穴深翻,秋施基肥。每亩秋施秸秆 2 000 kg、猪粪 600 kg、钙镁磷肥 30 kg,加适量速效肥和一些微肥。

②幼旺树要及时控制贪青生长。促进枝条成熟,提高越冬抗寒力。

③土壤封冻前灌一次透水,促进树体安全越冬。

④叶面喷布 5% 菌毒清水剂 600 倍液加 40% 乐斯本乳油 1 000 倍液加 0.5% 尿素等保护功能叶片。树干绑草诱集扑杀越冬害虫。落叶后扫除落叶、杂草、枯枝、病腐落果等,并深埋或烧毁。树干涂白。

第三节 李树栽培技术

武陵山区李子栽培普遍,品种也很多,经济价值较高、丰产性好的栽培李树品种主要有脆红李等。

一、园地选择

选地势高燥、向阳、背风、南坡,土层深厚,土壤肥沃,疏松透气,地下水位低,以前未种植李树或种植后间隔 5 年以上,交通方便的沙壤土。脆红李树不能种植在刚栽过李或无花果的地方,否则会严重影响脆红李的生长发育和产量,缩短脆红李树的寿命。

二、栽植时期和密度

武陵山区适宜秋植。冬季气温较高,栽植后根能愈合生长,而春植地上活动早于地下,伤根恢复缓慢,影响脆红李的生长。栽植密度:平地株行距 3 m×3 m,山地株行距 2.5 m×3 m。栽植方式:平地可以采用长方形、正方形、三角形(猪蹄叉),山地主要采用等高栽培。定植前要挖较大的种植穴或定植沟,穴深或沟深 0.8 m(上宽 1 m,下宽 0.8 m),挖时要注意表土和底土分开堆放。在种植前半个月完成复土工作。回填穴时底层填入秸秆、杂草和绿肥等,撒石灰后回填表土在穴中部分两层均匀施入腐熟的禽畜粪 3~5 kg、饼肥 1~3 kg、土杂肥 30~40 kg,均匀撒上钙镁磷肥 2 kg,回填应高于原地面 15~20 cm,形成一个馒头形,在上面等待定植树苗。

三、整形修剪

(一)整形

目前生产上主要采用自然开心形和两大主枝开心形等树形。

1. 自然开心形

生产普遍采用。符合李树生长特性,寿命较长。定植时 60~70 cm 定干,三大主枝在主干上错落着生,结合牢固。结果枝分布均匀,光照好。主枝少,侧枝多,骨干枝间距大,光照充足,枝组寿命长,结果面积大,丰产,早实,品质优。干高 50~60 cm,主枝 3~4 个(基角 50°~60°),每主枝培养 2~3 个副主枝,在主枝和副主枝上多留小枝和枝组,以增大结果面积。

2. 两主枝开心(Y字)形

宽窄行密植栽培最适宜的树形。骨干枝少,通风透光,适于密植。无大型结果枝组,结构简单,易整形。干高 20~30 cm,在主干上选留两个错落着生,长势相近的新梢作主枝,两主枝分左右伸向行间,角度为 45°~55°。一般 3~4 个副主枝。第 1 副主枝距主干 35 cm 左右,第 2 副主枝距第 1 副主枝 40 cm 左右,第 3 副主枝距第 2 副主枝 50 cm 左右。树高 2 m。

(二)修剪

幼树期修剪总的原则是:多疏枝(从基部剪除),少短截,拉枝开张角度,缓和树势,促进花芽形成。主要是剪除背上直立旺枝、过密枝、交叉枝、病虫枝、细弱枝,改善树冠内堂光照。成年的李子树,修剪时要适当疏除一部分花芽,控制产量,防止大小年结果。

四、土、肥、水管理

(一)土壤管理

总体要求为疏松、透气,深厚、不积水,较肥沃。定植前一定要深翻改土,施足基肥。定植后逐年扩穴,以利根系的扩展和新根生长。幼树期在树冠未封行以前,可以适当间作,但应避免种植高秆作物,最好以豆科绿肥或薯类、饲料等为宜。中期树冠封行后不宜间作,可以采用生草结合清耕的方法,在脆红李树需水、肥的淡季,让其自然生草,防止土、肥、水流失。在脆红李树需水、肥的关键时期,铲除杂草,经腐熟堆沤之后还土,这样既可解决杂草与脆红李树争夺水、肥的矛盾,又可保水保肥,为脆红李树适当提供肥料。对成年果园或定植前改土不彻底和衰老树更新者,应该注意扩穴深翻,并结合重施有机肥,这样才能达到改造低产、更新复壮的目的。

(二)施肥

脆红李对氮、磷、钾三要素的需要量比例为 1.0 : 0.4 : 1.6,可作为施肥的参考。

1. 幼年树施肥

其需肥特点是幼年树施肥应勤施薄施。刚种下的脆红李树苗不要急于施肥。在新梢转绿后每株淋施 0.2% 的尿素,加上 0.2% 复合肥 3~5 kg,或用腐熟人畜粪尿或腐熟花生麸水肥淋施(1 : 20 冲稀),有利枝梢的生长。春夏季每月一次,追肥 5~6 次,以氮肥为主。9—10 月份重施基肥,以腐熟的农家肥为宜。

2. 成年树施肥

其需肥特点是进入结果期的脆红李树,每年应施基肥一次,追肥 3~4 次。适时重施基肥,用量占全年施肥量的 50%~80%,以迟效性农家肥为主,氮、磷、钾的比例为 1 : 0.5 : 1。每生产 50 kg 果子,需施基肥 100~150 kg。基肥施用期以 9 月下旬—10 月上、中旬为宜,施用突出"深、重、全"的原则。以沟施为主。无机肥主要是根据树势、产量进行经验施肥。在氮、磷、钾三要素中,脆红李对钾的需求量较大。

成年树年追肥 3~4 次为宜。每生产 50 kg 果子,需追施人畜粪尿 150~200 kg、尿素 2.5~3 kg、磷肥 3 kg、钾肥 2~3 kg。

①花前肥。在萌芽前 1~2 周施入,以氮、磷、钾各 15% 的复合肥为好。弥补树体储存营养不足,促进根系、新梢生长,提高坐果率。

②花后肥。在谢花 1~2 周施入,以速效氮为主,配以磷、钾肥。主要促进新梢和果实生长,减少落果。

③壮果肥(硬核期)。在 5 月下旬—6 月上旬果实硬核期施入,以钾肥为主,配以氮、磷

肥,促进胚和核的发育、花芽分化、果实膨大和为下一年结果打下基础。一般株施磷酸二氢钾 0.5 kg 左右,以提高果实糖度,增进着色。

④采果肥。在果实成熟前 15 ~ 22 d 施入,以磷、钾肥为主,促进果实膨大,提高果实品质。叶面喷肥在整个生长季均可进行。种类和浓度:尿素 0.3%、磷酸二氢钾 0.3% ~ 0.5%、硫酸亚铁 0.2% ~ 0.5%、硼砂 0.3%、硫酸锌 0.1%、氨基钙 300 ~ 400 倍液、氯化钙 0.2% ~ 0.3%。叶面喷布可多次进行(10 ~ 15 d 一次)。还可结合病虫防治等共同喷布,花期用 0.2% ~ 0.3% 的硼酸液喷布树冠,可提高坐果率。

(三)灌溉与排水

1. 灌溉

脆红李虽然抗旱,但要达到高产,必须有充足的水分供应。花期不宜灌水,否则会引起落花落果。正常年只需浇一次水,即秋施基肥后浇水(特别是沟施)沉实。如遇干旱年份,可灌花前水、花后水、果实膨大水等。

2. 排水

脆红李树耐旱不抗涝,如遇大雨要及时排水,保持园内不积水。

五、果实管理

(一)促花保果措施

①增加储藏营养,提高花芽质量。秋季加强肥水管理,防治病虫害、减少落叶、改善树体营养条件、促进花芽分化、提高花芽的质量。

②加强授粉。配置授粉树,或采用果园放蜂和人工授粉、花期喷硼酸等。

③合理的肥水管理。硬核前适当供应肥水,调节氮肥的使用量,不宜过多也不宜过少。梅雨季节要及时排水,防止果园积水,及时进行土壤管理,改善根系生长条件。

④控梢保果。通过夏季修剪,防止枝条徒长,改善树冠内光照条件,提高叶片光合能力。

⑤病虫综合防治。防治病虫害,防止早期落叶。

(二)疏花疏果技术

疏花疏果能有效地防止果树的大小年现象。正确掌握脆红李的合理结果量是实现脆红李优质、高产、稳产的重要技术措施。合理结果量应根据树龄、长势、历年的产量、当年坐果情况和肥水管理水平综合分析确定。

1. 疏果时间

脆红李疏果通常在第二次落果后开始,坐果相对稳定时进行,最迟在硬核期开始时完成。一般在花后 50～60 d 按要求留果量完成疏果。

2. 疏果标准

①保留花蕾的标准。长果枝留 5～6 个花蕾,中果枝留 3～4 个花蕾,短果枝或花束状果枝留 2～3 个花蕾。一般情况下,全树疏花蕾量约 50%,盛果期疏花蕾量可达 70%。

②疏果。首先疏去病虫果、伤果、畸形果和果面不干净的果。生产中多按果实形状来规定该留果。纵径长的果实以后容易长成大果宜留。向上着生的果着色不好宜疏,保留侧生和向下着生的幼果。树冠外围及上部少留果,内堂下部要多留果。

③留果标准。脆红李一般短果枝留 1 个果,中长果枝间隔 6～8 cm 留 1 个果。

(三)采收

采收过早或过迟,会降低产品质量,造成经济损失。成熟前 20～30 d,每天可增重 2～4 g。采收过早会降低产量,不能反映品种固有特点,风味差,维生素含量低。采收过迟,采前落果增多,容易出现软熟腐烂,增加运输和加工过程中的损耗。

第四节　樱桃栽培技术

武陵山地区遍布野生樱桃树种,其品种质量较差,果实小,带酸苦味,树形高大,不宜大规模种植。但武陵山区气候环境适宜樱桃树的生长。现在有很多地方都引种良种樱桃,进行产业化种植。

一、品种选择

选择优质早熟丰产品种,如早大果、佳红、红灯为主栽品种,配栽大紫、先锋等授粉品种。

二、园地选择

樱桃根系浅,呼吸旺盛,要选择地势平坦、排灌良好、交通便利的平地建园。丘陵山区建园应选择背风向阳、光照条件好、土层深厚、不易积劳的壤土地或沙壤土地,土壤 pH 值 6.0～7.5 为宜。

三、定植

栽植前,根据土壤肥力状况,每 666.7 m² 施入 3 000 ~ 5 000 kg 有机肥,深翻,保证活土层深达到 40 cm 以上。丘陵山地沿等高线平整,挖 1 m 见方的树坑,石块较多的地段要进行换土改良。选择生长健壮、嫁接部位愈合良好、根系发达、无病虫害、苗高 1 ~ 1.4 m 的优质苗木。为争取上市时间,应选择优质早熟丰产品种,如早大果、佳红、红灯为主栽品种,配以授粉品种大紫、先锋等,每 3 ~ 4 行栽植主栽品种,配 1 行授粉品种,授粉品种比例为 20% ~ 30%。根据立地条件、品种特性及管理水平确定栽植密度,一般丘陵山地果园株行距 3 m× 4 m,平地(3 ~ 4)m×(4 ~ 5)m。在土壤解冻后至发芽前均可进行栽植,一般在 3 月中旬栽植成活率较高。栽植前对苗木根系进行修剪,剪除烂根霉根后,放入清水中浸泡 10 h,再放入 2 000 倍 ABT 生根粉溶液中浸泡 3 ~ 5 min,准备栽植。栽植苗木要使根系充分伸展,埋土至苗木在原苗圃时的入土深度,边填土边提苗踏实,栽植后立即浇水,水渗下后,覆 1 m² 地膜,以利保水,提高地温。

四、土、肥、水管理

樱桃根系多分布于 40 cm 土层以内,要在早春、采果后、晚秋 3 次深刨土壤加深根系分布。在降雨和灌水后及时中耕锄草,保持花卉苗木土壤疏松透气。在幼龄果园,可间作花生、绿豆等低秆作物,以提高前期经济效益。秋施基肥,一般在 9—11 月结合土壤深翻进行,早施为宜。施肥量根据产量与土壤肥力状况而定,一般施入产果量 3 ~ 4 倍的有机肥,并辅以适量磷、钾肥。花前追肥每株施入尿素 1 ~ 1.5 kg,盛花期喷施 0.1% ~ 0.2% 的硼砂加 0.2% 磷酸二氢钾溶液。采果后补肥一般 6 月中下旬完成,每株施入尿素 0.5 ~ 1 kg 或硫酸铵 1.5 kg。花前灌水,在 3 月中下旬樱桃发芽至开花前进行,灌水量不宜过大,以浸透土壤 20 cm 为宜。花前灌水不仅能满足树体需要,还可以降低地温,避开晚霜的危害。硬核水在果实如绿豆大小时进行,灌水量宜大些,以浸透土壤 50 cm 为宜。采前水于采果前 10 d 左右进行,灌水量适量大些。采后水要与果后补肥结合进行,灌透水。封冻水在秋施基肥后进行,要浇足灌透,有利于苗木越冬。

根据修剪目的及方法确定合适的修剪时期。去大枝应在秋季进行,而一般性的剪枝应在春季萌芽前进行。结果期树应以缩、疏、截为主,树冠内的花束、花簇状短果枝较多,回缩以 2 ~ 3 年生枝组为主。疏除冠内萌发的强壮直立枝、过密枝以及无效的辅养枝。短截结果枝组,对混合枝应视芽的着生部位进行修剪,一般要在花芽前 3 ~ 4 个叶芽处短截,以利上部发枝下部结果。

五、病虫防治

樱桃的病虫害较轻,全年喷药 3 ~ 4 次即可。主要病害有叶斑病、穿孔病、流胶病。虫害有金龟子、桑白蚧、蜡象、潜叶蛾等。春天萌芽前全树喷一次 50 波美度石硫合剂,以消灭越冬害虫和病原菌,7—8月份喷1~2次代森锰锌500倍液或200倍波尔多液防治穿孔病。防治要在秋冬及早清扫果园,将枯枝、病枝、落果落叶集中深埋或烧毁,消灭多种越冬病虫源。早春在地面喷施50%辛硫磷乳油800倍液,防治金龟子等害虫出土危害。4月下旬喷施菊酯类农药防治潜叶蛾等害虫。

六、果实采收

樱桃在果实完全变红、果肉变软时可以采收。甜樱桃一般以外销为主,应比充分成熟提前5 d采收。樱桃果实成熟一般不一致,要分期采收。

第五节　蓝莓栽培技术

蓝莓主要起源于北美洲,我国长白山、大兴安岭等地有野生蓝莓生长。近几年,蓝莓在南方各地栽培面积迅速扩大,武陵山地区进行了大面积引种栽培。蓝莓有较高的营养价值,富含多种氨基酸、糖分、维生素、矿物质以及膳食纤维,尤其是花青素和黄酮的含量高,具有抗氧化延缓衰老的作用。花青素可以促进视网膜细胞中视紫质的再生成保护视力。果实的钾元素可保证电解质的平衡,增加淋巴细胞的转化,从而提高机体免疫力。

一、品种及选苗

适于南方暖温带地区的有南高丛蓝莓和兔眼蓝莓。要根据实际的种植地选择好蓝莓的品种。

当地买苗栽培,最好选择2~3年的蓝莓苗,这样能比较快地结出果实,如果用更早的蓝莓苗开始种,可能需要几年才能结果。苗高5~8 cm进行定植。

二、园地选择及定植

1. 园地选择

选择的园地坡度要小。蓝莓根系分布较浅,而且纤细,没有根毛,最好选择土壤疏松、通气良好、湿润但不积水且有机物含量较高的酸性肥沃园地。在定植的前一年结合绿肥进行深翻,深度以20~25 cm为宜,深翻熟化后整地。另外,在定植前还要对不完全符合要求的土壤进行改良,以利蓝莓生长。

2. 定植方法

蓝莓的定值时间有春、秋两季,其中秋栽的存活率比春栽高。春栽则宜早不宜晚。兔眼蓝莓株行距常为 2 m×2 m 或 1.5 m×3 m。在主栽品种中栽入一些其他品种的蓝莓可以提高结果率和果实质量。

三、园地土壤管理

1. 中耕除草

在蓝莓园管理中,除草是非常重要的一环,做好了可使产量提高一倍以上。从早春至 8 月份都可进行中耕,入秋后中耕对其越冬不利。矮丛蓝莓栽培一般用化学药剂进行除草,人工除草费用高,而且容易伤害根系。高丛蓝莓在沙壤土上栽培常用中耕除草法。中耕深度以 5～10 cm 为宜,过深易伤害根系。

2. 土壤覆盖

土壤覆盖是指给矮丛蓝莓土壤覆盖 5～10 cm 锯末或者树叶、稻草及其他作物秸秆。它有增加土壤有机质、改善土壤结构、调节和保持土壤湿度、降低土壤 pH 值、控制杂草等多种作用。其中锯末的效果最好。

四、施肥及灌水

1. 施肥种类

蓝莓施用氮、磷、钾复合肥比施单一肥料效果好,最好施用比例为 1∶1∶1 的氮、磷、钾肥。以施硫酸铵等铵态氨肥为佳,不宜施硝态氨肥。蓝莓对氯敏感,不要选用氯化铵、氯化钾等含氯肥料,避免减产或导致植株死亡。

2. 施肥方法和时期

高丛和兔眼蓝莓可用沟施法,深度以 10～15 cm 为宜,施肥一般在早春萌芽前进行,在浆果转熟期间追肥一次。

3. 施肥量

过量施肥极易使蓝莓树体受到伤害甚至整株死亡,要根据树体营养和土壤肥力等实际情况进行施肥。

4. 灌水

蓝莓的根系分布浅,喜温润,及时灌水十分必要。灌水最好不要用深井水。深井水一般

pH 值偏高,且钠和钙含量高,长期使用会影响蓝莓的生长和产量。灌水的时候可以用稀硫酸将 pH 值调到 5 左右再灌,最好每隔 3 ~ 5 d 灌水一次。

五、蓝莓种植的修剪技术

1. 幼树期修剪

幼树期以去花芽为主,目的是扩大树冠,增加枝量,促进根系发育。定植后第二、第三年春疏除弱小枝条,第三、四年仍以扩大树冠为主,但可适量结果。一般第三年株产应控制在 1 kg 以下,以壮枝结果为主。

2. 成年树修剪

成年树修剪主要是控制树高,改善光照条件,以疏枝为主,疏除过密枝、细弱枝、病虫枝以及根蘖。根势较开张品种疏枝时去弱留强。直立品种去中心干,开天窗,留中等枝。大枝结果最佳结果树龄为 5 ~ 6 年生,超过要及时回缩更新。弱小枝抹除花芽,使其转壮。成年树花量大,要剪去一部分花芽,一般每个壮枝留 2 ~ 3 个花芽。

3. 老树更新

蓝莓栽植 25 年左右,树体地上部分已衰老,需要全树更新,即紧贴地面将地上部分全部锯除,由基部重新萌发新枝。

六、蓝莓的采收

矮丛蓝莓果实成熟期比较一致,且早成熟的果实也不易脱落,可待果实全部成熟后一并采收。果实采收后,清除枯枝、落叶、石块等杂物,装入容器。

高丛蓝莓果实成熟期不一致,一般采收需要持续 20 ~ 30 d,通常每星期采一次。果实鲜食时要及时采摘。同时,要采取措施预防鸟类和食果类昆虫对蓝莓果实的危害。

第六节　火龙果栽培技术

火龙果栽后 12 ~ 14 个月开始开花结果,每年可开花 12 ~ 15 次。火龙果果盘 4—11 月为产果期,谢花后 30 ~ 40 d 果实成熟,单果重 500 ~ 1 000 g,栽植后第二年每柱产果 20 个以上,第三年进入盛果期。管理水平较高的,单产可达 2 500 kg/667 m²。

一、育苗及栽植

火龙果主要采用扦插苗或嫁接法繁殖。

1. 扦插苗

以春季最适宜,插条选生长充实的茎节,截成长 15 cm 的小段,待伤口风干后插入沙床,15～30 d 可生根,根长到 3～4 cm 时移植苗床。

2. 嫁接苗

选择无病虫害、生长健壮、茎肉饱满的量天尺做砧木,于晴天进行嫁接。将火龙果茎用刀切平面,把接穗插入,对准形成层,用棉线绑牢固定,在 28～30 ℃条件下,4～5 d 伤口接合面即有大量愈伤组织形成,接穗与砧木颜色接近,说明两者维管束已愈合,嫁接成功,而后可移进假植苗床继续培育。

3. 苗期管理

育苗床宜选通风向阳、土壤肥沃、排灌方便的田块,整细作畦,畦带沟 90 cm,667 m² 施腐熟鸡粪或牛粪 1 500～2 000 kg,掺入谷壳灰 1 000 kg,充分搅匀,在整地时施于畦面以下 10～20 cm 的表土层;其后施 100～150 kg 钙镁磷肥,用锄头充分搅拌,施于 4～5 cm 深的表土层中,然后把小苗按株行距 3 cm 种于苗床,浇透水,并喷洒 500 倍多菌灵一次,每隔 10～15 d 施 5～7 kg 复合肥,等长出第一节茎肉饱满的茎段,就可出圃。

二、大田管理

1. 施肥

火龙果为热带植物,喜光耐阴、耐热耐旱、喜肥耐瘠。火龙果可适应各种土壤,但以含腐殖质多、保水保肥的中性土壤和弱酸性土壤为好,为使其种植后生长旺盛,必须多施消毒杀菌发酵的人畜禽粪有机肥,苗期施钙、镁、磷肥和复合肥,用量根据植株大小而定,应薄肥勤施。果实采收期长,每年都要重施有机肥,氮、磷、钾复合肥要均衡长期施用。开花结果期间要增补钾、镁肥,以促进果实糖分积累,提高品质。结果期保持土壤湿润,树盘用草或菇渣覆盖。天气干旱时,3～4 d 灌一次水。

2. 栽植密度及架设支架

按 667 m² 栽 300～400 株,每 4 株中间埋 1 根 20 cm 见方,高 2 m 的水泥柱作支架。

3. 摘心

当枝条长到 1.3～1.4 m 长时摘心,促进分枝,并让枝条自然下垂。

4. 间种与人工授粉

种植火龙果时,要间种10%左右的白肉类型的火龙果。品种之间相互授粉,可以明显提高结实率。若遇阴雨天气,要进行人工授粉。授粉可在傍晚花开或清晨花尚未闭合前,用毛笔直接将花粉涂到雌花柱头上。

5. 修剪枝条

每年采果后剪除结过果的枝条,让其重新发芽,以保证来年的产量。

6. 温度、水分管理

火龙果在温暖湿润、光线充足的环境下生长迅速。春夏季露地栽培时应多浇水,使其根系保持旺盛生长状态,在阴雨连绵天气应及时排水,以免感染病菌造成茎肉腐烂。火龙果耐0℃低温和40℃高温,为保证其常年生长和多次结果,尽量达到适宜温度20~30℃。火龙果园不必翻耕,及时剪除杂草即可。

7. 病虫防治

火龙果蜡质层厚,外观光滑,免套袋,省工省时。火龙果病虫较少,幼苗期易受蜗牛和蚂蚁危害,可用杀虫剂防治。在高温、高湿季节易感染病害,出现枝条部分坏死及霉斑,可用粉锈宁、强力氧化铜等防治,效果良好。

三、果实采收

火龙果从开花到果实成熟,约30 d。当果实由绿色逐渐变红色,果实微香、鲜艳时,就可采收。

第七节　南方高湿地区葡萄屋顶棚架绿色栽培技术

在南方高温、高湿的气候条件下,病虫害较多,屋顶葡萄绿色栽培有较大难度,若管理不到位,结果逐年减少,果实品质变差,甚至会出现只长枝叶不结果的情况。我们在重庆市黔江区的一栋6楼楼顶进行葡萄棚架栽培,通过十多年的栽培实践,产量常年稳定。

一、品种选择

根据南方高温、高湿、弱光照的气候特点,加之屋顶冬季气温比地面温度低,结合屋顶棚架栽培方式,在品种选择上,要选生长强、耐湿抗病,高产、优质、耐寒的品种。我们选择了先峰葡萄。先锋葡萄由巨峰和康能玫瑰杂交选育而成,属欧美杂交品种,枝藤生长迅速,主干年生长量可达 3 m 以上,花两性,果穗圆锥形,单穗质量 300～500 g,单粒质量 13～18 g,果皮黑色、较厚,果肉汁多味酸甜,略带草莓味,耐寒性强,适宜南方屋顶栽培。

二、栽培准备及土壤管理

1. 栽培池的修建及土壤准备

在棚架两侧的支柱间用砖砌成深、宽各 50 cm 的长方形栽植池,长度依棚架长度确定。在离池底部 1～2 cm 处留好排水孔,并用瓦块覆盖,避免排水孔堵塞。在底部铺上 5～10 cm 的砂土和腐熟枝叶混合物,便于蓄水和排水,其上再用壤土和腐殖土混合,加入 5%～10% 腐熟猪粪和 0.5% 磷肥混合均匀,厚度 35 cm 左右。栽好苗后在表层覆盖 2～3 cm 腐叶土,土面略低于栽植池的墙面,便于蓄集天然雨水。

2. 生长期土壤管理

由于长期浇水,表层土壤易板结,要适时松土。间隔 4～5 年,在葡萄冬季休眠期在不大量损伤根系的情况下,逐年更换栽植池里的土壤,避免土壤营养元素缺乏。

三、水、肥管理

1. 水分管理

葡萄屋顶栽培要有配套的蓄水池,最好蓄积天然雨水。在天然雨水不足时,将自来水引入蓄水池,经露晒沉积后再使用。夏天屋顶太阳光直射时间长,气温升高快,土壤水分蒸发量和叶面蒸腾量均大,间隔 2～3 d 要浇一次透水。若出现部分叶蔓萎蔫,在太阳落山地面转凉后用喷雾器进行叶面喷水,加快叶面恢复正常。冬季不需灌水。

2. 土壤施肥

葡萄年生长量大,产量高,每年需要消耗大量养分,必须注意施肥。以大量养分氮、钾为例,生产 100 kg 葡萄需吸收氮 0.3～0.6 kg、钾 0.3～0.65 kg、磷 0.1～0.3 kg。

基肥。葡萄基肥最好在采果后的秋季施,秋施基肥越早越好,也可在葡萄的休眠期施基肥。基肥施用量根据栽植池大小而定,占全年施肥量的 50%～60%,以腐熟的猪牛粪等有机肥为主,适量加入磷钾肥。施肥不可离葡萄主蔓太近,要适当深施,引根向下生长,施后及时覆土。

生长期追肥。追肥按芽膨大期、开花前期、开花后果实豆粒大小期、果实着色初期共 4 次施用。葡萄在生长中需要氮钾肥较多，磷较少。萌芽前的芽膨大期追施氮肥，主要是补充基肥不足，促进枝叶和花穗发育，扩大叶面积；开花前追施氮肥并配施一定量的磷肥和钾肥，有增大果穗、减少落花的作用；开花后，当果实如绿豆粒大小的时候，追施氮肥有促进果实发育和协调枝叶生长作用，用量根据长势而定，长势较旺时，用量宜少，长势较差时，施用量应大一些；在果实着色初期可适当追施少量氮肥并配合磷钾肥，以促进浆果迅速增大和含糖量提高，增加果实色泽，改善果实品质，施肥以磷钾肥为主。

四、棚架搭建及整形修剪

1. 棚架搭建

钢架易生锈，且夏天由于温度高，易灼伤蔓叶；木架易腐烂，水泥棚架较好。屋顶地势较高，风力大，棚架不宜太高，为便于人进出乘凉方便，棚高 1.8 m，宽 4.0 m，长 8.0 m。

2. 整形修剪

整形时基部采用独龙干。具体做法：定植当年用竹竿或木条绑缚新蔓引向棚顶生长，剪除侧蔓，主蔓长至略超棚顶高度的 190 cm 处摘心，待第二年先端留 2 个新梢，尽量长放成为主蔓，剪除主蔓上的其他侧蔓，每年向前延伸，主蔓长 3 ~ 4 m，形成双龙干。每隔 10 ~ 20 cm 配置一个结果部位，留 2 ~ 3 芽进行短剪。基部 1 芽多为叶芽，培育次年结果蔓，2 ~ 3 芽作为当年结果蔓，每年更新结果蔓。开花后对结果蔓进行打尖、摘心、摘除卷须，摘除穗顶部 1/4 果穗，使果穗果粒大小整齐，提高果实品质。

冬季修剪在休眠期进行，主要是对结果母枝的剪留。一般在 2 ~ 3 芽处短剪。从基部剪除多余的侧枝、病虫枝，并清扫地面。

五、病虫害防治

由于屋顶葡萄采用绿色栽培，病虫害防治以预防为主。冬季休眠期对棚架进行清扫，清除主蔓龟裂老皮，与修剪下来的病枝、枯枝一起集中烧毁，保证棚架内通风透光。

葡萄透翅蛾常常危害主蔓造成主蔓断裂，防治中首先消灭越冬虫源。5—6 月葡萄透翅蛾成虫羽化后，常在 1 年生藤蔓上产卵，并在产卵处留下白色粉状物，及时剪除受害枝条销毁。在 7 月下旬至 10 月葡萄透翅蛾主要危害老蔓和主蔓，这段时间要注意观察，危害部位会有透翅蛾幼虫粪便排出，一旦发现，用小刀纵切虫口部位，杀死幼虫，并用薄膜对伤口进行包扎，使伤口部位快速愈合。当葡萄成熟上色后，鸟儿会啄食葡萄颗粒，我们采取的措施是在葡萄正在上色时采用套袋处理，可避免鸟害发生。

六、果实采收

果实成熟时随时可以采摘。采摘葡萄时，挑选成熟果穗，用左手托住果穗底部，右手用剪刀把果柄剪下来,轻拿轻放,避免损伤果实及藤蔓。鲜食不完需要短时贮藏的葡萄,采摘时要选择晴朗天气,一般在早晨天气凉爽时采摘,剔除未成熟果粒及小粒,不要碰伤其他颗粒,及时包装储藏在冰箱等容器中待食。果实采完后,及时清除藤蔓上残留的果穗柄、病残枯枝及老黄叶片,有利于树体进行光合作用恢复树势,为来年丰产打下基础。

第十三章　蔬菜栽培技术

蔬菜含有丰富的维生素、矿物盐、碳水化合物及其他营养物质,是人们生活中重要的副食品,是农业生产中一个不可缺少的部分。武陵山区常见的种植蔬菜主要有瓜果菜类、根茎菜类和叶菜类,除了常规露天栽培外,还可以采用温室大棚栽培技术。

第一节　瓜果类蔬菜栽培技术

一、黄瓜栽培技术

(一)播种育苗

培育早发育的适龄壮苗,是春季黄瓜早熟丰产的基础,在播种育苗时,应掌控以下环节:

1.播种期

根据南方各省的气候条件,一般在2—3月用有防寒设备的保温苗床育苗。

在终霜期较早的地区,可在2月下旬播种;在终霜期较晚的地区,可在3月上旬播种。播种过早,定植时苗龄过大,影响根系发育,促使植株早衰,影响产量;播种过迟,雌花发生晚,达不到早熟的要求,也影响产量。根据各地的经验用保护根系措施培育黄瓜幼苗的苗龄以4~5片真叶为宜。

2.播种

培养供每亩地移栽的秧苗需种子200~250 g。黄瓜在适宜的温度下播种3 d便可出苗,当子叶未展开时,主根长可达4.2 cm,侧根数9条。当真叶露出后,主根长可达7 cm,侧根数增至21条,最长侧根可达10.6 cm。根据幼苗根系发育的情形来看,如果不采用保护根系的措施培养大苗,而用不带土秧苗定植,则育苗的时间要短,播种床的培养土要疏松,以便起苗时不伤或少伤根系。用这样的方法养苗,催芽后条播、撒播均可。

为了培育大苗、壮苗的需要,可将播种期适当提早,当出苗后子叶开展由黄变绿时,选子叶肥大,茎短而粗壮的秧苗,按7~10 cm见方的距离移苗。为了定植的带土方便,移栽床须要掺和一定分量的牛粪,使其与土壤充分混合,于移栽定植前划块,这样便于起苗而少伤根系。

近年来,利用营养钵育苗的技术发展很快,如湖北、江苏、上海、新疆等省、市基本上采用营养钵育苗,而且有的实现机械化制钵,这对培育黄瓜大苗、壮苗带来了更多的方便。用营养钵育苗,每钵可播发芽的种子两粒,待出土后选良苗1株。关于营养钵土的配制,应以适应黄瓜根系发育为原则,过于紧实,不利幼苗根系的发育,有时定植后长时间不能敞开,不利植株生长,配制时须加以注意。

不管采用哪种方法播种育苗,播种前要浇足底水。播种后用培养土覆盖,厚约2 cm,再用喷雾器喷水,如有种子露出,须再覆盖土。为了提高床温,可在土面覆盖一层塑料薄膜,再将塑料薄膜密盖,每天晚上应再加覆盖物保温防寒。

3. 苗床管理

播种后晴天温度高时,3~4 d便可出苗;阴天温度低时,则需5~7 d出苗,当见2/3种子拱腰时,要降低床温,防止幼苗胚轴伸长而形成高脚苗。根据秧苗生长情况,破心后用腐熟的稀薄人粪尿提苗1~2次。

以后对苗床的温度管理,则按前述黄瓜在幼苗时期对温度的要求,结合不同的天气情况灵活掌握覆盖物的揭、盖和通风程度的大小,以保证适合幼苗生长的温度状况。当纠幼苗具有两片真叶,白天床外温度达15℃以上时,可将覆盖物全部揭去。

黄瓜在二、三月间用保温苗床育苗。苗床温度一般偏低,对苗床的水分管理应适当控制浇水,以免造成低温潮湿而对幼苗的不良影响。

苗床浇水应掌握几个原则:气温低不浇水,床土不过干不浇水,阴天午后不浇水;个别需要个别补水,不轻易全面浇水,也就是说,浇水要看天、看地(床土)、看苗进行。为了减少浇水次数,保证幼苗生长必需的水分,还需要掌握适时中耕和覆土的方法,以减少苗床土面水分蒸发。

总的说来,苗床的温度和水分管理,要注意以下几个问题:①防止床内因低温潮湿使幼苗锈根。②防止床内高温潮湿引起幼苗徒长。③防止玻璃窗盖或塑料薄膜滴水发生猝倒病引起倒苗现象。④在寒潮侵袭时须加强防寒保温措施,防止冻苗。

春分以后,气温升高,在加强通风的情况下,床土容易过于干燥,应适时浇水,以免幼苗近土表层的根系受损,或地上部发生过度萎蔫现象。

在定植前一天,用稀薄粪水浇透营养钵或营养块,待叶面水分蒸发后,用代森锌等稀释溶液喷射,使幼苗带肥、带药下地。

(二)整地、施基肥、作畦

黄瓜要求富于有机质、肥沃而保水保肥力强的土壤,栽培黄瓜以黏质壤土为宜。前茬蔬菜以增施厩肥作基肥的晚大白菜、晚甘蓝等为宜,这样的土壤可使植株的生育期延长,提高产量。在前茬蔬菜收获后趁晴天耕翻土壤,进行冻土,使土壤膨松。到春天选晴天进行耕把,并清除残蔸。为了经济利用土地,可以用春季收获较早的越冬蔬菜作前茬,不进行冻土。

根据黄瓜对有机肥料反应良好的特性,每亩可施腐熟的厩肥 50 ~ 60 担,用堆肥、土类等作基肥可增施到 100 担以上,用富于腐殖质的塘泥作基肥,一般用 200 担左右。半腐熟厩肥、堆肥、土类等在春季耕地时施下,塘泥应施在冬季翻耕的土壤上,使之随着土块进行冻土风化。基肥必须与土壤融合,达到土壤肥力均匀,并改进土壤结构。此外还配合施草木灰 100 kg。

黄瓜的病害,尤其是病菌从植株根部或茎部入侵的枯萎病、疫病等危害严重,要创造适宜的畦形,以利排水,使地上通风和土壤通气良好,促使植株根系和地上部健壮生长。增强抗病能力是争取高产稳产的重要条件之一。但是沟的深浅和睦的高低要达到什么程度,在不同的地区、不同的地势、不同的土壤条件下,应当因地制宜,不拘一格。

(三)定植

黄瓜定植的方式各地都不相同,为了达到密植增产并适当改善通风透光条件,有架黄瓜可采取宽窄行栽培的方式,即所谓大行小行栽培,一般宽行 70 cm,窄行 60 cm,这样的行距可在作畦时按包沟 133 cm 开沟。株距根据品种而不同,为 20 ~ 27 cm,每亩定植的株数约为 4 000 株,不设支架的地黄瓜,可按 1.7 ~ 2 m 开沟作畦,于畦的两边按株行距 27 ~ 33 cm 定植。

黄瓜不耐霜冻,定植期过早,易遭晚霜或寒潮的袭击,影响秧苗的正常生长。定植期延迟,常因苗床生长拥挤,定植后也会影响幼苗的早发育。适宜的定植时期应在晚霜终止后温度稳定上升到 12 ℃时为宜,具体来说,在长江流域为 4 月上旬,即清明前后;华南春季温度较高的地区,提早育苗的则在 2 月内定植。

定植时,预定的行距开 13 ~ 17 cm 深的定植沟,将带土块的秧苗按预定的株距放入,然后用腐熟的厩肥或土杂肥 500 kg 与硫酸铵 5 kg、过续酸钙 25 kg 混合的肥土围雍土块,再盖土半沟时浇水,然后盖平,以不掩盖子叶为原则。

(四)田间管理

(1)追肥

黄瓜喜肥、早发育,蔓叶、花、幼瓜一起生长,对养料有严格的要求,特别是春栽黄瓜结果期长对养料要求高。为了达到早熟高产的目的,应提高施肥量,但因根系吸收力弱对高浓度肥料反应敏感,在施肥方法上应采取分期施肥的原则。在施足基肥的基础上,定植后结合浇水施提苗肥,促进根系发展。施速效性液肥促进抽蔓叶、雌花和开花结果一并顺利生长,在插架前再追肥一次。这时温度升高,植株生长加快,根系吸收力也加强,应适当提高用量。一般可在畦中开沟施,随即盖土封沟灌水。这样分期连续追肥,就是所谓早管则发。为提高前期产量,当进入盛果期,气候温暖,生长迅速,需要继续追肥,以适应继续开花结果和继续生长的需要,防止脱肥早衰。在盛果期一般采收 2 ~ 3 次后追肥一次。在春夏多雨的地区,适时追肥有一定的困难,应针对本地区的气候情况,采取相应的措施,抓紧地干天晴施液肥(粪水掺入适量氮素和过磷酸钙化肥),雨后趁墒撒施草木灰,结合防病喷药时进行根外追肥。这样既节省了劳力,也发挥了肥效,可使植株不因天气多雨而发生脱肥,从而延长结果期。

每亩追肥的用量,可因土壤肥力和基肥条件而不同。一般每亩共用人粪尿和牲畜粪尿 50 担左右、硫酸铵 25 kg、过磷酸钙 15 kg、草木灰 100 kg。

（2）排水和灌溉

根据黄瓜要求水分高而不耐渍的特性,对春栽黄瓜的水分管理,既要注意需水时的灌溉,也要注意多雨时的排水。南方部分地区在春栽黄瓜生长季节雨水较多,尤应加强排水工作。在多雨的地区短期出现少雨以及江北或西南某些地区,春季少雨需及时进行灌溉。灌水时应引水从蛙沟中浸灌,随灌随排,避免浸透时间长,发生胀水烂根现象。黄瓜发生胀水烂根,往往出现在灌水后随着遇到阵雨,使土壤水分过多影响通气,二氧化碳积聚过多,根系呼吸困难所造成,这就是通常所说的闷根。

黄瓜的许多严重病害如枯萎病、疫病等是由灌水或雨水多使土壤水分高和土面潮湿而引起和蔓延的,必须注意灌水的方法和灌水量,避免急灌、大灌、漫灌。在灌水或经大、中阵雨后,应随即做好清沟排清工作。

（3）中耕、除草、培土

雨后或灌水后,适时中耕,清除杂草,再插支架,畦面畦沟须彻底中耕除草,并适当培土。在插架后,畦面中耕不便,可根据下雨灌水及杂草发生情况,进行畦面中耕理沟并结合培土,清理沟路。

（4）插架、绑蔓、摘心

在抽蔓后即插架盘蔓,避免绞藤。设支架的方式,依各地习惯设置。蔓长达 1 cm 以后绑一道,以后每隔 4 节绑一道。绑蔓一般在下午进行,可避免发生断蔓。当主蔓满架时摘心,促使下面子蔓结瓜,即通常所说的结回头瓜。北京的截头黄瓜侧蔓结果较早,须在有 4 ~ 5 片叶时摘心,以促进侧蔓结果。

（五）病虫防治

黄瓜的病害多,几乎囊括瓜类中主要的病害,如枯萎病、疫病、霜霉病、炭疽病、白粉病,尤以前 4 种病害严重。细菌性角斑病以及病毒等对叶部发生危害,极大地影响产量。对各种病害,除了及时地用药剂防治外,尤应注意选用抗病品种,实行轮作。应用营养钵或营养块培育壮苗,移植时不伤根,采用深沟高畦栽培,排水顺畅,使根系发育良好,施足底肥,及时而有效地追肥,使不受脱肥或任务肥的影响,促进植株生长健壮,提高抗病力。

为了防治病害,日本和荷兰在黄瓜等蔬菜上运用小苗嫁接。黄瓜的砧木为南瓜或扁蒲,熟练者每人每小时可接 100 ~ 120 株。经嫁接的植株抗病力及抗逆性较强,根系发育健壮。黄瓜的小苗嫁接,在国内也有一些试验。

虫害方面有瓜守和劈虫。在防治上应本着治小治早的原则进行,以免使叶片受害和传染病毒。

(六)采收

从播种到开始收获需 65 ~ 70 d,具体的收获日期因各地的气候和播种育苗时期的早晚而不同。广州从 3 月下旬开始收获,长江流域一般从 5 月上中旬开始收获。收获期长短因品种、地区气候和栽培管理水平而异,一般为 50 ~ 60 d。优质成熟的嫩瓜一般在谢花后 8 ~ 10 d 采收。生长前期的温度低,果实生长慢,由谢花到采收的日期较长,随着温度升高,果实生长加快,采收的日期缩短。头瓜尤其是坠根瓜要提早采收,以免影响蔓叶和后续瓜的生长。结果初期,每隔 3 ~ 4 d 采收一次。盛果期 1 ~ 2 d 采收一次。果实采收得越勤,雌花形成得越多越快,如不及时采收嫩瓜,会妨碍后续瓜的生长而形成畸形果,甚至使植株早衰。勤于采收,对延长结果期、提高单位面积产量有重要意义。

二、苦瓜栽培技术

(一)主要性状

苦瓜又名金荔枝及癞蛤蟆,因其果实含有特殊的苦味,故名苦瓜。苦瓜原产东印度,喜温,种子发芽适宜的温度为 30 ~ 33 ℃,生长适宜的温度为 20 ~ 30 ℃,比较耐热,也能适应比较低的温度,在长江流域夏秋高温季节仍能生长繁茂,结瓜不衰。在生长后期也能正常开花结果,可从 6 月中下旬一直收到 9 月中下旬,为夏秋淡季蔬菜品种之一。在南方各省均有栽培,而广东、广西、福建、湖南、四川更为普遍。武陵山区现有较大面积的栽培。

苦瓜根系比较发达,喜湿,但不耐渍,在水沟旁或低地栽培,生长良好。茎较细,分枝力极强,主蔓上发生侧蔓,侧蔓上又能发生侧蔓,有繁茂的地上系统。叶为掌状浅裂或深裂叶,绿色,光滑无毛。花单生。雌花着生的节位因品种而异,一般主蔓 8 ~ 20 节发生第一朵雌花,侧蔓 1 ~ 2 节即可着生雌花,以后每 3 ~ 7 节再着雌花。果实形状依品种而异,一般为纺锤形,果面有许多瘤状突起,嫩果绿或浅绿色,老熟后呈橙红色,易裂开,果瓤红色有甜味,种子为鲜红色瓤包被,每瓜约含种子 30 粒,千粒重 167 g 左右。

(二)主要品种

苦瓜有很多优良的地方品种,在南方各省栽培比较普遍的品种如下:

1. 大白苦瓜

大白苦瓜由湖南省园艺研究所于株洲白苦瓜品种中系选育而成,蔓长 3 m,生长势强,叶绿色。瓜长条形,长 1.8～2 尺,瓜皮白色,肉厚,籽少,品质优良。为中熟种,丰产,耐热性强。

2. 滑身(滑线)

广州市郊地方品种,蔓长 400 cm,分枝力强,叶较尖长,深绿色。主蔓 8～12 节着生雌花,以后每隔 3～4 节着生雌花。瓜长圆锥形,果面有平滑纵沟,深绿色,瘤状突起较少,单瓜重 0.25 kg。早熟,味较苦,品质好。

3. 大顶苦瓜(雷公凿)

广州市郊地方品种。蔓长 400 cm,分枝力强,叶黄绿色。主蔓 8～14 节着生雌花,瓜短团锥形,长 20 cm,肩宽 11 cm,青绿色,瘤状突起粒粗,肉厚 1.3 cm,单瓜重 0.25～0.6 kg。适应性强,在广州春、夏、秋均可栽植,以春播为主,耐热、耐肥,忌涝,苦味较少,品质优良。

另外,在四川、广西、云南及湖北等省还栽培有白皮苦瓜和青皮苦瓜。成都白皮苦瓜,果实长 20～25 cm,横径 4～5 cm,果皮白色,品质较好。青皮苦瓜果皮淡绿色,长 21 cm 左右,苦味重,较丰产,为早熟品种。

(三)栽培技术

1. 播种育苗

苦瓜的种子种皮坚硬,发芽缓慢。播种前一般用 50～60 ℃温水浸种,待冷却后继续浸种 1～2 d,使其吸水膨胀,以促进发芽。浸种后置 30～33 ℃的温度下催芽,出芽后播种。苦瓜播种的时期,依各地的气候条件和供应要求而定。长江流域各省,多在 3 月下旬—4 月上旬播种育苗,4 月下旬定植。为了定植迅速恢复生长,武汉市多采用营养钵培养大苗定植,广州市郊区利用不同的品种分期播种。春播 2—3 月进行,苗期 20～40 d;夏播 4—5 月进行,苗期 4～5 d(子叶苗);秋播采用催芽后直播,于 7—8 月进行。

2. 田间管理

苦瓜继续结果、继续采收的时间长,整地作畦时须施入基肥,其用量一般每亩按厩肥 1 500～2 000 kg 施入。

苦瓜的行距依设置支架的方式而定。采用平棚架栽培时,其畦宽为 6～8 尺,于畦的两边成行定植,株距 1.5～2 尺,设置平棚架的方法与丝瓜相同。重庆市地区按行株距 2～2.5 尺×1～1.5 尺定植,每穴栽苗 2～3 株,采用人字形支架栽培,其方法与黄瓜相同。

苦瓜开始抽蔓时设立支架,开始爬蔓时须人工绑蔓,避免蔓叶互相缠绕。苦瓜一般不进行整枝,但需适当地剪除基部细弱的侧枝及过密的衰老黄叶,以利通风透光。

苦瓜在幼期不耐浓肥,宜勤施淡肥。当进入旺盛生长之前,宜施以充足的肥料。夏季高温干旱时,应适时灌水,并加强追肥,以满足继续生长和结果的需要。

三、番茄栽培技术

(一)定植地选择和土壤改良

定植地要选择排水良好的半年菜土和晚稻田。半年菜收获后立即挖土,晚稻田冬前翻耕,开沟排水,让其冬冻风化。3月上旬按每亩地撒施石灰150 kg调节土壤酸碱度,使耕作层土壤pH为7.0左右。3月中旬整地作畦,畦长25～28 cm,畦宽90 cm,深20～30 cm。围沟宽50 cm,深30～50 cm。围沟深于畦沟,出水口深于进水口,均按0.3%比降放坡,做到雨停田干,沟无渍水。

(二)播种、育苗、幼苗管理

于3月下旬播种,播种前浸种催芽,可以促进早发芽,播种后2～3 d可以出苗。幼苗管理注意生长期要有适当的温度、湿度及充足的阳光,可以通过覆盖保温、开窗换气、浇水施肥、松土疏苗、假植来实现。育苗和排苗床土要求在先年伏天配制堆沤。床土要求养分完全,适度肥沃,疏松透气,pH为7.0～7.5,使用前20 d进行消毒处理。

(三)施足基肥

番茄地膜覆盖栽培,定植前要一次性施足基肥,生长期不再进行土壤追肥,基肥每亩施三元复合肥50 kg、菜枯100 kg、猪粪5 000 kg、人粪尿200 kg、火土灰2 000 kg、草木灰50 kg。菜枯与草木灰、人粪和部分火土灰堆沤,充分发酵后深施入行距之间。猪粪泼浇满土,复合肥撒施满土,浅倒土一次,火土灰加少量猪粪水沤制拖于定植点,与本土拌和可作接根肥土。肥料全部施好后再按每亩撒施石灰粉50 kg,盖好地膜待天气适时移栽。

(四)带土、带药移栽,合理密植

移栽前2 d要给排苗床施一次低浓度充分腐熟的人粪尿,喷一次80%敌敌畏1 000倍液和50%多菌灵800倍液混合剂。起苗时尽可能多带土、不伤主根,移栽后随即浇足定根水。定根水缩干后将早准备的培养土压盖定植膜孔,防止膜下热气从定植孔外出烫伤颈部位,定植行距50 cm,株距28 cm。

番茄地膜覆盖或露地栽培,定植期主要限制因子是当地气温条件。依据番茄对气温的要求,日平均气温稳定高于10 ℃的时期,就是番茄定植的最适宜时期。一般在4月下旬定植。

（五）适时整枝，保花保果

每亩 3 300 株适合一杆半整枝法。第一次整枝在第一花序坐果初期进行，主要是剪除假二叉分枝以下的所有侧枝。假二叉分枝以上 3 层花序留两个顶尖，4 层花序开始留 1 个顶尖，对其余侧芽要随时抹除，以调节生长与结果的平衡关系，整枝工作一定要在晴天进行。

1 ~ 3 层花序开花坐果期仍处低温阴雨期，必须采用 11 ~ 13 mg/kg 的 2.4-D 保花保果。每天 7:00—9:00 将 2.4-D 溶液涂在含苞待放的花蕾柄上，切忌一花重涂两次。2.4-D 浓度过高和一花重涂是畸形果产生的原因之一。

盛花、盛果期是营养生长旺盛时期，采用 300 倍磷酸二氢钾和 600 倍尿素溶液混合喷雾 2 ~ 3 次，作根外追肥，调节生殖生长与营养生长争夺营养的矛盾，促进果实膨大和植株生长。磷酸二氢钾还有保花、保果作用，也可提高坐果率。

（六）乙烯利催熟，适时采果

1 ~ 3 层花序果实成熟期，因阳光不足，气温较低，要采用乙烯利催熟。当果皮由青转白时用 2 000 ppm 的乙烯利溶液涂抹果实，以促进早熟。番茄八成熟时即可采摘，完全成熟时采摘反而影响品性。

（七）病虫防治

防治好病虫是确保番茄高产、稳产的关键。选用抗病品种、培育健壮秧苗、水旱轮作、窄畦深沟、酸性土壤施用一定数量的石灰、地膜覆盖栽培等都是系统防治番茄病害的综合技术措施。除了做好上述工作外，还应辅之化学药剂防治。苗期重点是防治立枯病、猝倒病、灰霉病。用百菌清 600 倍液喷雾，定植前苗期喷药 3 ~ 4 次。苗期和生长结果期还要经常采用 80% 敌敌畏乳剂 800 ~ 1 000 倍液喷雾，防治有翅蚜虫的危害，以防病毒病传播。生长结果期重点防治番茄早疫病、青枯病及枯萎病。早疫病用 25% 瑞毒霉 1 000 溶液或 40% 疫霜灵粉剂 300 倍液喷雾 2 ~ 3 次；青枯病用农用链霉素 200×10^{-6} 或医用硫酸链霉素 50×10^{-6} 淋兜两次；枯萎病用抗枯灵 500 倍液喷雾和淋兜 2 ~ 3 次，喷药间隔期一般 6 ~ 7 d 一次。风雨是传播上述病害原菌的主要媒介，抓住雨后立即喷药极为重要。

四、茄子的栽培技术

（一）整地作畦、施足基肥

茄子不宜与其他茄果类作物连作，以免传染立枯病、青枯病及其他土壤传染的病害。长江一带前作一般为白菜、萝卜、芥菜、菠菜等，后作为秋冬蔬菜。前作收获后，可在冬季休闲期间，深耕一次，使土块经冬冻晒至早春。定植以前再翻耕一次，整地作畦，施足基肥。一般畦连沟 1～1.3 m,栽双行,也有做成 3.3～4 m 宽的高畦,在畦上横行栽植。因为茄子的根在排水不良的土壤中容易腐烂,所以畦面要平,畦沟要深。在华南有些地方,为了排水便利,筑成高墩或高垄。

茄子是一种需要充足肥料的蔬菜。在结实期间,需氮肥很多。苗期增施磷肥,可以提早结实。而增施氮肥,对茄子的增产作用很大,且很少引起徒长的现象。基肥多用腐熟的厩肥,每亩 1 500～2 500 kg,并施过磷酸钙及草木灰,在整地时与土混合。为节约肥料用量,也可在翻土以后,用穴施或条施。这种方法在茄子与大春作物轮作时采用较多。

茄子的结果期长,基肥只是供给营养的一个方面,而在生长结实期中,还需多次追肥,促进后期的生长与结果。

(二)播种育苗

茄子几乎都是先育苗后移栽。播种育苗的时期,因各地气候与栽培目的的差异而不同。用加温苗床或苗床(冷床)育苗时,江南一带多在 11 月中下旬播种。广东各地,春茄于 9—10 月播种,12 月定植,4—6 月采收;夏茄于 2—3 月播种,4—5 月定植,6—8 月采收;秋茄在 3—4 月播种,4—5 月定植,7—11 月采收;冬茄在 8 月上旬播种,10—12 月采收。

每亩大田播种量为 25 g,种子发芽出土以后,夜间温度应保持在 12～15 ℃,白天温度为 20～26 ℃。如果夜间温度常在 10 ℃以下,茄子可能会生长不良。同时,土壤的温度要求比番茄高,否则根系发育不良。茄子育苗时,苗床的温度应高些,施肥要比番茄多一些。除粪肥外,增加磷肥(如禽粪等)可以促进幼苗的生长及根系的发育。

幼苗生长初期,要进行间苗 1～2 次,除去过密及过弱的苗。在播种后 30～50 d,幼苗长有 3～4 片真叶时,进行一次假植,一个月后再进行第二次假植,有利于幼苗生长。

在育苗过程中,茄子比番茄容易出现死苗及僵苗现象。其中主要原因是茄子根的生长需要较高的土温。当土壤温度为 25 ℃左右时,根的生长旺盛,吸收肥水能力强。土温降到 12 ℃是发生根毛的低温极限。当土温降低到 10 ℃以下时,根停止伸长生长。假植以后,土壤的温度低,土壤又干燥,容易产生僵菌。在进行幼苗锻炼时,如果温度过低,水分过少,幼苗生长受到过度的抑制,新根不发生(称为萎根),也会造成僵苗。克服僵苗的办法是增加土壤温度,利用温床育苗的可增加酿热物,多照阳光。

(三)定植栽培

茄子定植到露地的时期比番茄稍迟。长江下游,在清明以后;成都平原,可以提早至 3 月下旬—4 月上旬;广州的春茄在 12 月定植,夏秋茄在 4—5 月定植。栽植时要选择温暖的晴天,如果栽植以后遇大雨,而土壤排水又不好,发根困难,不易成活。定植的方法,在南方各地,都是先开穴栽植,然后浇水。如遇多云天气,为了防浇水后降低土温不利发根,也可以于定植的第二天浇水。定植不必过深(茄子主根不易生不定根),以与原来苗床栽植的深度相同,或与秧苗的子叶节平齐为好。定植以后,为了使秧苗迅速恢复生长,栽后即浇一次稀薄的粪水或硫酸铵水溶液催苗。栽植的距离视品种及气候环境而异，长江一带的早熟种行距1.5~2.0尺，株距1~1.2尺，每亩可栽2 200~2 500株；中熟及晚熟种，行距2尺，株距1.2~1.5尺，每亩2 000株左右。如果适当增加密植程度，可以提高单位面积的产量。叶面积系数3~4且时间也长时，产量较高。但过密后，当叶面积系数增加到4~5时，叶子相互遮光程度较大，对总产量反而不利。

（四）田间管理

1. 追肥

由于茄子的生长结果期长，合理追肥，是丰产的主要措施之一。在定植还苗以后，可追施较浓的粪肥或化肥。以氮肥为主，尿素每亩10~15 kg效果较好。约10天追施一次，以供不断结实的需要。果实采收最盛的时期也是需肥最多的时期，茄子是多次采收的蔬菜，而采收时期又长，前期施肥及后期追肥都很重要。如果只重视早期追肥而忽视后期追肥，对后期产量及总产量影响很大。如果营养不足，枝叶生长量小，容易落花，所结果实细小而弯曲，果皮也易硬化。

茄子的着果有周期性，即在结实盛期以后，有一个结实较少的间歇时期，在整个结实期间，有2~3个周期。周期的形成，与施肥量、果实采收的大小及结果数目的多少有关。据藤井的试验：多施肥产量高，其周期的起伏比较明显；而少施肥，其周期的起伏就大，着果数及产量减低。果实采收的早迟，对结实的周期性及产量关系很大，提早采收的比一般采收期的着果数目多。

2. 灌溉和排水

茄子的叶面积大，水分蒸发量多。当土壤水分缺乏时，植株生长缓慢，甚至引起落花，所结果实果皮粗糙，品质差。在干旱季节，灌溉增产效果非常明显，长江各地7—8月间，也就是生长结果的后期，天气炎热，容易干燥，如不及时灌溉，不但不能满足叶面蒸发的需要，还会严重影响光合作用和物质的积累。茄子一生中对水分的需求在前期较少，而在结果膨大时需水最多。

结果期茄子需水分最多的时候，浇水要根据果实发育的情况及时浇灌。第一朵花开放的时候，要控制水分。但当果实开始发育，已露出萼片时，须浇水以促进幼果的生长。至果实长到3~4 cm直径时，是需要水分最多的时候，此时果实的生长最快。至收获前3~4 d，又要浇水，以促进果实迅速生长，以后在每层果实的发育始期、中期，以及来收前几天，都需要及时浇水，以供果实生长的需要。

为了保持土中适当的水分，除用灌溉的方法外，还可以使用覆盖的方法，以减少土面的蒸发。在水源不足的地区，覆盖保水的方法更应得到重视。在长江及华北地区，当水分过多时，还要排水。田间畦沟不要有积水现象，以提高土温，促进根系的生长。

3. 中耕培土

中耕工作要结合除草进行,早期可以中耕深些,深 45 ~ 60 cm,后期要浅些,深 3.5 cm 左右。大雨以后,要防止土板结,在半干半湿时进行中耕。

当植株字长高 35 cm 左右、要结合中耕进行培土,把沟中的土培到植株根系旁,培土以前要施一次追肥,以免须根露出土面,还可减轻风害。

4. 整枝摘叶

茄子的枝条生长及开花结果习性很有规则,一般不行整枝,而只是把根茄以下的过于繁密的分枝,即靠近根部附近的几个侧枝除去,以免枝叶过多,通风不良。对生长强健的品种,可以在主干第一朵花或花序下的叶腋留 1 ~ 2 个分枝,以增加同化面积及结果数目。此外,大果型的品种,上部各分枝除在每一花序下留一侧枝外,其余的侧枝也可摘除。许多地方没有整枝的措施,摘除下部老黄叶可减少落花和果实腐烂,促进果实着色作用,尤其在密植田的后期,更为常见。

茄子果实的质量与叶面积有密切关系,叶面积大,有利于果实的肥大。整枝摘叶的结果,减少了茄子群体叶面积系数,降低早期产量。

要获得丰产,叶面积系数要求在 3 以上的时期有 30 ~ 45 d 以上(品种间有差异)。密植的叶面积指数增加较快,达到高峰的时期也较快,早期产量高。但为了通风透光,除去一部分衰老的、同化作用弱的、下垂与土壤接触容易引起腐烂的老叶也有好处。

5. 茄子的落花及防止

茄子的生长在气温低于 20 ℃时,授粉及果实的生长会停止,在 15 ℃以下会引起落花。在长江流域,早期开的花,也有落花现象。茄子的生长一般比番茄缓慢,开花时期也较迟。茄子第一朵花开放时,夜间温度往往已达 15 ℃以上,落花问题较轻。但作为春播栽培时,在 4 月下旬以前开的花,仍会落花。

茄子落花的原因,可以是光照弱、土壤干燥、营养不足、温度过低及花器构造上的缺陷。花器构造上的缺陷所引起的落花,是茄子的特殊问题。根据试验,4 月下旬以前的落花,可以用生长调节剂处理。方法是 2.4-D 的 $20 \sim 30 \times 10^{-6}$,或 PCPA 的 $25 \sim 40 \times 10^{-6}$,效果很好。经处理后,防止了落花,提早了采收,增加了早期产量。5 月中下旬,夜间最低气温升高到 15 ℃以上,可以不再处理。

6. 病虫防治

主要病害有温床期的猝倒病,生长期的黄萎病、青枯病及结果期的绵疫病。主要的虫害有地老虎、二十八星瓢虫及红蜘蛛等。

防治猝倒病,主要是加强温床的管理。在幼苗有 2 ~ 3 片真叶时,最易发病。多通风、少浇水是主要的防治措施。果实的绵疫病对果实的危害严重,尤其在雨季更易发生。防治方法是注意田间排水;不要把病烂果随地乱扔,病烂果要收集起来深埋。

地老虎在4—5月危害幼苗,可用堆草、撒布毒饵诱杀幼虫。二十八星瓢虫是南方的主要害虫之一,成虫与幼虫均能咬食叶片,6月下旬危害最烈,可利用成虫成群越冬的习性,集中捕捉或诱杀。红蜘蛛多发生在生长后期,气候干旱、炎热的季节,用乐果防治效果较好。

(五)采收

早熟品种定植后经40~50 d可以开始采收,中熟品种经过50~60 d可以采收,晚熟品种定植后要经60~70 d采收。果实采收的标准是看萼片与果实相连的地方的白色(淡绿色)环状带,称为茄眼睛。这条环带宽,表示果实生长快,如环带逐渐不明显,表示果实生长转慢,要及时采收。

五、辣椒栽培技术

辣椒的栽培技术,基本上与番茄和茄子相似,南方各地也是先育苗后定植。

在栽培管理中,特别注意施肥、灌水与采收的时期。在生产上存在落花、落果、落叶、日伤,及病虫害问题。

(一)播种育苗的特点

南方各省有冬播与春播之分,冬播在12月上旬到下旬,春播在2月春暖之后,冬播的秧苗生长健壮,开花早结果早,早期产量较高,但苗期管理费工,冬播时期不宜过早。

长江下游地区多在11—12月利用保温苗床或用塑料薄膜覆盖播种、育苗,到清明定植。在育苗过程中,生长较番茄慢,不易徒长,肥水可以比番茄、茄子的少些,但如土温低而根系不发育,影响幼苗生长。在广东、广西用塑料薄膜覆盖育苗可在12月—次年1月播种,于2—3月定植,定植的时期比番茄迟些,而持续的时间较长。湖南长沙一带从3月上中旬—4月中下旬均可定植。在无冻害的条件下,适当提早定植,生长较旺盛,可以提早开花结果,增加分枝数。

(二)栽植密度与产量构成

辣椒的植株较番茄及茄子矮小,叶片也较小,栽植密度比番茄及茄子大。定植前,整地作畦,一般在4~5尺(连沟)的畦上栽2~3行,株距0.8~1尺。也有在宽畦上,畦宽7~8尺,在畦上横向栽植(与畦长垂直),并用宽行与窄行相互间隔,其目的是便于将宽行的土壤培到窄行的四周,避免浇水、施肥流失。

每亩栽3 000~5 000株不等。四川的干辣椒利用宽窄行栽植,每穴2~3株,每亩近万株。甜辣椒类型比长椒类型的稀些,适当密植可以增加单位面积产量,尤其是早期产量,用双行密植剪枝的方法,可以增加密植度及产量。南方都用高畦,每畦栽2行或3行,不栽单行。

长形辣椒,植株矮小,有些地区还有双株栽植的习惯,即每穴栽两株,可以更快地封行,更快地达到较大的面积指数,可以增加产量。甜辣椒也有每穴栽双株的。

辣椒的产量由每亩株数、单株果树及单果重所构成。辣椒的植株较矮小,单果较轻,在增产措施中,增加单株果数是增产的关键。

单株产量的构成,因品种不同而有果数型及果重型。小果型的品种(如长镇椒),单果很轻,每斤有果实 10 ~ 50 个,单株结果很多。大果型的品种(甜辣椒)单果较重,每斤只有果实 8 ~ 9 个,甚至 3 ~ 4 个,而单株结果数较少,同一时期植株上一般着生 3 ~ 4 个到 7 ~ 8 个果实。辣椒的花和果实都生在分枝的节上,在一株上分枝多,开花多,结果也就多。要获得高产,必须营养生长茂盛,分枝多。如何通过肥水管理及采收措施,来控制营养生长与开花结果的关系,各地群众有丰富的经验。

(三)田间管理

辣椒田间管理的特点是利用施肥、灌水措施来控制营养生长与开花结果的关系,使辣椒多开花,多结果,延长结果期。

南方各地多用有机肥、粪肥及堆肥。有的地区,因前作的关系,没有翻土晒土的时间,也来不及施基肥就定植。这样只能利用追肥,以满足肥水的要求。一般用腐熟的粪肥,或大田施硫酸铵或尿素等速效氮肥,在定植后的一段时间里,增施追肥,可以促进还苗及发棵,有利于茎叶生长,结果前期采青果,以后每采收一次青果,施一次追肥,以促进分枝及开花结实。青辣椒田间管理的一个特点是采收要勤,追肥的次数要多。南方各地有与春莴笋、春白菜、苋菜等间作套种的。这样可以利用苗期的空间,与间作物同时施肥、灌水,使间作物很快地满布土面,避免土面板结。

适当的追肥、灌溉的用量及时期来控制植株的生长与发育,对辣椒的早熟丰产有密切的关系。为了提早开花,提早采收,可以在定植后,到现蕾开花前的一段时期,少施氮肥,以提早结实。为了提高总产量,可在现蕾开花前,多施氮肥,勤灌溉,以促进枝叶生长,增加开花节数。这样,开花结果期会延迟一些,但总产量较高。如果植株生长纤弱,则要及时增施追肥,促进多分枝,多开花结果。

有些地区(如湖南长沙)认为打侧枝可以培育正树,减少养分的消耗,促进结果部位的分叉,控制徒长,提早开花结果。大多数地方不打侧枝。

辣椒的落花、落果及落叶现象,在浙江、江西的一些地方都存在,在湖南长沙地区也存在,落花率一般可达 20% ~ 40%,而落果率达 5% ~ 10%。落花现象年份之间有差异,温度过高或过低是引起落花的主要原因。早春开的花,温度过低,影响授粉,子花粉管的伸长,都易脱落。另外,氮肥施用过多,植株徒长,也会引起落花。如果栽植过密,枝叶徒长,光照不足,第 1 ~ 2 层的花大都脱落。到生长后期(7—8 月),高温、干旱也会引起落花、落果及落叶。在过于干热以后,突然遇到雷雨,也易引起落花及落果。

应用生长调节剂防止落花,有一定的效果。用对氯苯氧乙酸(PCPA)25 ~ 30×10^{-6} 在开花期间喷洒,可以防止落花,增加早期产量。2.4-D 也有一定的效果,但容易有药害,没有 PCPA 安全。

落果及落叶问题,有生理的原因,也有病害的原因。如果实的近萼片处的轮绞病(即早疫病)往往引起大量的小果脱落,到果实膨大以后,仍有脱落现象。白星病、炭疽病、轮纹病、细菌性叶斑及病毒病的寄生往往引起落叶。水分失调,土壤过热、过干,或者排水不良,土壤空气过少,是引起落花和落叶的生理原因。磷肥不足也会引起落花落果。

防治的措施主要是加强肥水管理,结合药剂处理。在管理上,要合理施肥灌溉,特别在炎热干旱的季节,要及时追肥、灌水,保证肥水充足,同时也可用地面覆盖,以降低土表温度,减少蒸发。

由病害引起的落叶,可用药剂防治,如波尔多液、代森锌等。

辣椒主要的病害有炭疽病、轮纹病、病毒病、绵疫病以及叶斑病等往往使植株萎缩,不能分枝生长,严重影响产量。有些地区还有螨类的危害,可用石硫合剂或杀螨剂防治。

日伤,对甜辣椒的危害比长形辣椒更为常见。长江以南7—8月,高温,阳光猛烈,有些地区利用高秆作物,如高粱,玉米等间作,减少困光直晒,减少日烧,有一定的效果。

第二节　根茎类蔬菜栽培技术

一、萝卜栽培技术

(一)品种选择

鲜食春夏反季主栽韩国的白玉春、幕田春;秋冬及加工品种主栽春不老、浙大长;泡菜系列主栽心里美等品种。

(二)栽培技术

1. 整地、施基肥

以种冬萝卜为例,每亩施腐熟肥 2 500 ~ 4 000 kg、过磷酸钙 25 ~ 30 kg、草木灰 50 kg,耕入土中,耙平做厢。做厢的方式根据品种、土质、地势和气候条件而定。无论大型或小型品种都要做成高厢。做成宽连沟 1.2 m,高 30 cm,沟宽 30 ~ 40 cm 的厢,后整平厢面。

2. 播种

(1)播种期
黔江区萝卜栽培播种期见表2。

表2 黔江区萝卜栽培季节表

萝卜类型	播种期	生长周期/d	收获期
春萝卜	10月下旬—11月中旬	100~110	2月中旬—3月上旬
夏秋萝卜 （海拔1 000 m以上）	4月中旬—7月上旬	60	6月中旬—9月上旬
冬萝卜	8月上旬—9月上旬	90~100	11月中旬—次年1月上旬

（2）播种量

播种量根据种子质量、土质、气候和播种方式而定。一般冬萝卜大型品种每亩播种0.5~0.6 kg；中型品种播种0.7~1 kg；小型品种用撒播方式，每亩播种1~1.5 kg。

（3）播种密度

要根据当地生产条件和品种特性来决定合理的播种密度。一般大型品种行距40~50 cm，株距30~35 cm；中型品种行距17~27 cm，株距17~20 cm。

（4）播种技术

播种时要浇足底水，浇水方法有两种：一是先浇清水或粪水，再播种、盖土；二是先播种，后盖土浇清水或粪水。穴播的每穴播种子5~7粒（高档进口种子两粒）并要分散开。播后覆土厚度约2 cm，不宜过厚。

3. 田间管理

（1）间苗

一般植株具1~2片叶时，进行第一次匀苗，每穴留3株；具3~4片叶时，进行第二次匀苗；具5~6片叶时定苗，每穴留1株。

（2）浇水

萝卜抗旱力弱，要适时适量供给水分。一般幼苗期要少浇水，以促进根向深处生长；叶生长盛期需水较多，要适量灌溉，但也不能过多，以免引起徒长；肉质根迅速膨大期应充分而均匀地灌水，以促进肉质根充分成长，更加肥嫩；在采收前半个月停止灌水，以增进品质和耐储性。在气候炎热干燥的地区，灌水时适当加一些人畜粪尿，有抗旱作用。多雨地区要注意排水。

（3）追肥

萝卜在生长前期，需氮肥较多，有利于促进营养生长；中后期应增施磷、钾肥，以促进肉质根的迅速膨大。据测定，每5 000 kg大型萝卜大约需氮30 kg、磷15 kg、钾24 kg，这些数据可作施肥量的参考。对施足基肥而生长期较短的品种，可少施追肥。一般中型萝卜追肥3次以上，主要在旺盛生长前期施下，第一、第二次追肥结合匀苗进行，"破肚"时施第三次追肥，同时每亩增施过磷酸钙、硫酸钾各5 kg。大型萝卜到"露肩"时，每亩再追施硫酸钾10~20 kg，若条件允许可在萝卜旺盛生长期再施1次钾肥。追肥时注意不要浇在叶子上，要施在根旁。

（4）中耕除草及培土

萝卜生长期间,酌情中耕松土几次,尤其在杂草易滋生的季节,更要中耕除草。一般中耕不宜深,只松表土即可。

4. 病虫防治

蚜虫主要有萝卜蚜和桃蚜两种。蚜虫除危害萝卜外,还危害其他十字花科蔬菜。在田间套种韭菜可防蚜虫,也可用40%乐果乳油2 000倍,或50%抗蚜威可湿性粉剂2 000~3 000倍,或20%速灭菊酯乳油4 000~5 000倍进行喷雾防治。

萝卜主要病害有细菌性黑心病、细菌性软腐病、白斑病、黑斑病、病毒病等。对病害要采取综合防治,以减少发病条件,杜绝病原,增强植株抗病能力。如选用健康不带病种子,进行种子消毒,实行轮作,深沟高厢,保持田园清洁,防治虫害等,必要时使用药剂防治。发病初期用72%农用链霉素或新植霉素4 000倍喷叶背,对病毒病用20%病毒A500倍喷叶面。

二、榨菜栽培技术

（一）培育壮苗

榨菜可直接播种也可育苗移栽。为了管理方便和充分利用土地,多行育苗移栽。一般在9月底—10月初育苗,11月上中旬移栽到地里,翌年2月底—4月上旬收获,可亩产榨菜（包括茎、叶） 1 000~4 000 kg。播种前种子可用代森锰锌等拌种,减轻病毒危害。育苗地块施足基肥,并用50%辛硫磷1 000倍液进行土壤处理消灭地下害虫。播种后到萌芽前用60%丁草胺100 mL或乙草胺50~70 mL喷洒除草。及时间苗定菌,苗期注意防治蚜虫。

（二）移栽定植

一般在水稻及玉米收获后,要及时翻耕整地。每亩施腐熟有机肥3 000~4 000 kg,复合肥50 kg做底肥,然后翻耕入土,整成厢宽（连沟）1.5 m,厢面呈龟背形的厢面。苗龄30~35 d时即可定植,株行距20~23×33 cm,一般亩栽5 000~6 000株。移栽后浇足定根水。

（三）田间管理

移栽后亩用尿素4~5 kg,加水1 000 kg进行第1次追肥。1月下旬亩用碳铵25 kg、过磷酸钙20 kg、氯化钾5 kg兑水1 500 kg进行第2次追肥。2月下旬亩用尿素25 kg、氯化钾12.5 kg加水再重追肥1次,切忌撒施或单施氮肥,7 d后,根据生长情况,再追肥1次促瘤茎膨大与叶片生长。冬前如遇长期干旱,可根据情况沟灌水1次,并及时排干,不能漫过厢面,如雨水过多,应及时做好开沟排水防渍工作。

（四）主要病虫害防治

危害榨菜的病虫害主要有蚜虫,病害有病毒病和软腐病等。

1.病毒病防治方法

以治蚜避害为重点,如发现中心病团出现,应及时用20%病毒 A 可湿性粉剂 600 倍喷雾,每隔 7 d 1 次,连续施药 3 次。

2.软腐病防治方法

加强榨菜的栽培管理,增强其抗病性。细菌性软腐病防治用72%农用链霉素可湿性粉剂 4 000 倍液或 50% 水溶性粉剂灭菌成 1 000 倍液,在发病初期开始用药,间隔 7 d 喷 1 次,连续 2 ~ 3 次。菌核性软腐病可用 50% 多菌灵可湿性粉剂 1 000 倍液或 0.2% ~ 0.3% 波尔多液每隔 7 ~ 10 d 喷药,连续喷 2 ~ 3 次,施药时应重点喷施在植株基部及地面。

3.蚜虫防治方法

当幼苗出现第一片真叶时可选用20%氰戊菊酯 1 000 倍液,10% 吡虫灵 1 500 倍液或辟蚜雾 1 500 倍液喷雾。开始第一次用药,之后每隔 7 d 左右喷 1 次,移栽前加施 1 次,移栽后菜叶萎蔫阶段再施 1 次。

（五）采收

栽后 120 ~ 130 d 即可采收。其成熟的特征为基部的叶已黄,叶腋间发生侧芽 17 ~ 20 cm,叶卷缩,叶色变黄就及时采收。收获太迟,肉质根的纤维发达,肉质硬化,还可引起空心。

三、莴笋栽培技术

（一）莴笋早秋栽培要点

1.种子处理

将种子用纱布包好,置放在冰箱保鲜室,温度为5 ~ 8 ℃,冷藏 3 h,然后将种子取出用清水浸泡 12 h,最后用毛巾将种子包好,放在室内阴凉湿润的地方(如农村家用水缸旁、室外水井旁)进行催芽。每天要将种子翻动一次,让种子采光均匀,温度保持一致,当种子有 30% 露白出芽时方可播种。

2.苗床选择

莴笋适合于腐殖质含量高,微偏酸性土壤,水源好,灌、喷方便的地块播种。

3. 播种期

7 月中旬播种,苗床的整理及土壤消毒每 10 g 种子需苗床 5 m² 左右,按厢面 1.2 m 的开厢,长度根据种子数量而定,一般不超出 15 m。按每平方米施 0.3 kg 磷肥,施 2~4 kg 充分腐熟的牛粪,然后将地浅翻、整平,每 5 m² 泼施加有 50 g 敌克松可湿性粉剂的淡粪水 50 kg。用薄膜密闭消毒 3~5 d 待用。

4. 播种与遮阴处理

将催芽的种子均匀撒播于厢面,盖种,在厢面上盖一层 0.5 cm 厚的细土,以保持种子湿度,保证发芽率。气温较高时要在厢上面加拱遮阴网,降温、保湿、防暴雨。

5. 苗期管理

加强水分管理,保持厢面湿度 70%。喷施艾美乐、飞鹰防治虫害。

(二)田间管理

秋季气温较高、空气湿度较小,莴笋的生长期短,要合理密植,重施底肥,及时施提苗肥。栽培密度 25 cm×30 cm,亩植 7 000~8 000 株。底肥以 1 000 kg 有机肥加 40 kg 高效复合肥。催肥分 3 次进行。第 1 次以大田移植 3 d 后亩施 1 000 kg 淡粪水;10 d 后,第 2 次追肥,亩施 2 000 kg 淡粪水加 5 kg 尿素;第 3 次追肥于 30 d 后,亩施 2 000 kg 淡粪水加 10 kg 尿素。

(三)病虫害防治

虫害以蚜虫、红蜘蛛为主,可用飞鹰 15 000 倍液、功夫 3 000 倍液等杀虫剂防治。病害以霜霉病、角斑病为主,用乙磷铝锰锌 500 倍液、百菌清 800 倍液、绿本色 3 000 倍液等防治。

四、大蒜栽培技术

(一)整地及施基肥

上茬作物收获后要及早耕翻晒垡,耕地深翻 20~30 cm。亩施腐熟农家肥 3 000 kg。

(二)播种

1. 播种期

武陵山区海拔 700 m 以下的地区在秋季 9 月上中旬播种,次年 4—5 月采收蒜薹,6 月采收蒜头。如果以收蒜苗为主,可在 8 月中下旬播种。

2. 大蒜采用蒜瓣直播

蒜头的大小与将来的产量成正比。播种前剥去蒜皮或播种前把蒜瓣在水中浸泡 1 ~ 2 h，有利于水分的吸收、气体的交换。此外，把蒜瓣放在 0 ~ 4 ℃ 的低温下(生产上可利用冷库或冰块)处理 1 个月，可大大提高发芽率。

3. 播种密度和播种量

播种方法是把蒜瓣插入土中，微露尖端，不宜过深。收获蒜头时行株距为(15 ~ 20)cm×(10 ~ 13)cm，或更密些。每亩播种量 125 ~ 150 kg。以收蒜苗为目的，行株距 12 cm×6 cm，亩播种量 250 ~ 350 kg。

（三）田间管理

当苗出土 3 ~ 6 cm 时，开始施追肥。以氮肥为主，用尿素兑清粪水成 0.5% 的浓度浇施。在蒜苗生长期间，从 8—9 月到 11—12 月，要追肥 2 ~ 3 次，促进地上部的生长，追肥方法同上。越冬前再施 1 次追肥。第二年春暖后是大蒜植株生长的旺盛期，要施 1 次重肥，亩追 45% 含量的复合肥 50 kg。蒜头开始膨大后，不宜施肥过多、过浓，以免引起鳞茎腐烂。

第三节　叶菜类蔬菜栽培技术

一、大白菜栽培技术

大白菜属半耐寒蔬菜，适宜温度为 15 ~ 25 ℃，高于 25 ℃ 和低于 10 ℃ 都会引起生长不良，5 ℃ 以下停止生长。栽培上一般要求把卷色前、中期安排在日均温 12 ~ 19 ℃ 的季节，有利植株生长，叶球膨大、优质高产。

（一）品种

大白菜品种繁多。武陵山区一般以越夏、秋冬栽培为主。栽培季节不同，上市时期不同，栽培品种也不相同。

春夏品种有日本夏阳、春大将、早熟五号、夏抗 50 天，前两个品种为日本、韩国引进品种。这些品种均早熟，生长期 50 ~ 55 d，抗热耐湿性强，抗软腐病、霜霉病，耐病毒病，单球重 1 ~ 2 kg，净菜率高，是越夏栽培品种。

秋冬品种有鲁白一号、山东大白菜系列品种、丰抗 70。

（二）秋冬大白菜栽培技术

1. 土壤选择与基肥

选择地势较高、排水良好、土质肥沃的中性土块，避免与十字花科蔬菜连作。有条件地区实行水旱轮作。以深沟高厢栽培。前茬作物收获后及时深翻土壤，定植整地作厢，施基肥。基肥以有机肥为主，占总量 70% 左右，按 5 000 kg/亩计，施土杂肥 2 000 ~ 3 000 kg、过磷酸钙 10 kg、氯化钾 10 ~ 15 kg，沟施穴施相结合。

2. 品种选择

春夏秋宜选早熟品种，如日本夏阳、春大将、早熟五号、夏抗 50 天、热白 50 天；越冬栽培宜选中晚熟品种，如丰抗 70、山东四号。

3. 播种时期

春夏早秋及 1 000 m 以上的高山栽培播期为 4—7 月，700 m 以下的中低山在 8 月上中旬播种，8 月 20 日后播种大白菜包得不紧实。

直播和育苗移栽均可，以直播为主。进口越夏品种一般遮阳网育苗移栽，亩用种 40 ~ 50 g，直播亩播种量 150 ~ 200 g。育苗应比直播提早 1 周，苗龄 20 d 左右，以带药、带肥、带起苗水、带护根土移栽，成裙快，生长整齐，不缺苗，利于生长。

4. 合理密植

合理密植是充分利用地力，增进品质，提高产量的重要措施。一般直立型早熟品种，每亩以 3 000 ~ 3 300 株为宜。叶片平展的中晚品种，每亩种植 2 500 株左右为好。

5. 追肥

大白菜是需肥较多的作物，要及时追肥，促进植株健壮生长，提高结球率和产量。移栽成活后，用清粪水配 0.5% 的尿素浇施，既抗旱，又促苗生长。幼苗期（从种子开始出土到叶片长成一个完整的叶环幼苗呈圆盘状，早熟品种 12 ~ 15 d，晚熟品种 17 ~ 18 d）完成进入莲座期即幼苗期后再长两个叶环（这一时期早熟品种经过 20 ~ 21 d，晚熟品种 27 ~ 28 d）要重施一次追肥，每亩施人畜粪 3 000 kg，45% 含量的复合肥 25 ~ 30 kg、尿素 5 kg、草木灰 50 ~ 100 kg，并加适量磷肥，拌人畜粪水施用，促进发棵、卷心结球。结球期是叶球形成盛期，需肥量最大，一般每亩施入 2 500 ~ 3 000 kg、尿素 15 kg、磷酸二氢钾 10 kg。混匀后在行间开沟深施，促进卷心结球，增进品质，提高产量。

（三）越夏大白菜栽培要点

1.选择耐热抗病品种

结球白菜常用日本夏阳50、夏抗50天等品种。

2.育苗移栽

一般采用营养土、药剂拌种、遮阳网覆盖育苗,低山区可在4—7月开始播种,播种时应注意低温(15 ℃)影响,防止先期抽薹。

3.栽培密度

早秋栽培开展小,可适当密植。早熟品种每亩植3 500~4 000株,直立性强的品种每亩植5 000株左右。

4.追肥

夏秋季节,气温高、雨量少、水分蒸发量大,极易造成土壤干旱。前期应以抗旱保苗为主,勤施淡人畜粪水,促进叶正常生长。开心卷心期与结球期无明显界限,追肥应以结球初期为重点,在基肥充足情况下,亩追人畜粪水2 500~3 000 kg、钾肥10 kg、尿素7.5 kg。叶球半包时,视生长情况再追一次壮尾肥,促进叶球紧实。

5.及时采收

采收季节正值高温,叶球形成后及时采收。若结球时间过长,易感病腐烂叶球。及时采收,保证增产增收。

（四）大白菜的病虫害防治

在大白菜生长过程中,病虫害的种类较多。病虫害主要有霜霉病、软腐病、病毒病、炭疽病、黑腐病、蚜虫、菜青虫、小菜蛾等。防治时要采取以"预防为主、综合防治"的原则,加强管理,培育健壮植株,并优先使用农业措施和生物防治技术。

1.蚜虫防治

六叶期前用10%吡虫啉可湿性粉剂2 500~3 500倍液或50%辟蚜雾可湿性粉剂3 000倍、2.5%敌杀死乳油3 000倍液喷雾防治,注意往叶背面喷药。

2.病毒病防治

发病初期喷洒20%病毒A可湿性粉剂500倍液,或1.5%植病灵乳剂1 000倍液,隔

10 d 喷 1 次,连喷 2 ~ 3 次。

3. 霜霉病、黑斑病防治

用 58% 甲霜灵、锰锌可湿性粉剂 500 倍液,或 64% 杀毒矾可湿性粉剂 400 倍液,或 25% 甲霜灵可湿性粉剂 1 000 倍液喷雾,7 d 1 次,连喷 3 次。

4. 炭疽病、白斑病防治

用 70% 甲基硫菌灵可湿性粉剂 1 000 倍液,或 70% 代森锰锌可湿性粉剂 500 倍液喷洒。

5. 软腐病、黑腐病、细菌性角斑病防治

用 72% 农用链霉素可溶性粉剂 4 000 倍液,或 1% 新植霉素可湿性粉剂 4 000 倍液喷雾或灌根。

6. 菜青虫、小菜蛾防治

应在卵孵化高峰期及低龄幼虫盛发期用药。用 1.8% 阿维菌素乳油 3 000 ~ 4 500 倍液,或 BT 乳剂 1 200 ~ 1 500 倍液,或 25% 灭幼脲悬乳剂 1 000 倍液喷雾防治,要注意轮换用药。

7. 地下害虫防治

在田间放置糖醋液盆(按糖∶醋∶水 = 1∶1∶25 的比例配制,内加少量锯末和敌百虫)诱捕成虫,当诱捕到的雌雄成虫数量相近时,开始喷药。大白菜帮基部及周围地面是重点喷药区,用 48% 乐斯本乳油 1 500 倍液喷雾防治。

二、甘蓝栽培技术

(一)选用优良品种

甘蓝是一代杂交种,一般分为牛心型叶球和平顶型叶球。

选用抗寒性强,纳球紧实,品质好,不易抽薹,适于密植的早熟品种。如"中甘 11 号""鲁甘 1 号""中甘 12 号"等品种。

(二)整理苗床及适时播种

①苗床准备。播前育苗床要施足腐熟大圈肥或土杂肥,并且用多菌灵进行杀菌消毒,深静耙中。

②种子处理及播种。选择饱满种子,用 18 ℃温水浸种 2 h,然后保持 15 ~ 18 ℃催芽。在晴天上午,浇足底水,水渗后将发芽的种子均匀撒播在厢面上,覆土 1 cm,每亩需播种床面积为 5 m²,播种量为每亩大田需 25 g 左右的种子。

（三）播种季节

夏秋播种，秋冬收获，一般在 6 月中下旬—8 月上旬播种，10 月—12 月收获。冬播春收应在 10 月中下旬播种，次年 5—6 月收获。海拔 1 000 m 以上的高山反季栽培还可提早到 4—5 月播种，7—8 月收获。

（四）苗期管理

为了培育壮苗，苗期温度管理十分重要。播种后，白天温度控制在 20 ~ 25 ℃，晚上温度 10 ℃左右，遇到低温，夜间需盖草帘，苗出齐后温度可适当降低。无论晴天或阴雨天都要及时通风。出苗后及时进行防病治虫，用海正灭虫灵喷撒防治小菜蛾，用绿亨 1 号喷洒防治甘蓝猝倒病。壮苗的标准是叶色深绿，叶片肥厚且大，茎秆粗壮，节间短，根系发达，无病斑。

（五）定植栽培

定植前 10 d 施足基肥，一般每亩施氮、磷、钾三元复合肥 75 kg、磷肥 35 kg，施肥后结合开沟整厢覆土，用宽连沟 1. 2 m，定植株行距 40 cm×50 cm，每亩保苗 3 000 ~ 3 200 株。

（六）大田管理

定植后及时浇水，以提高幼苗成活率。生长期间要清沟排水，保持根系发育良好。及时用海正灭虫灵喷洒防止菜青虫的危害，在卷心前要重施一次追肥，开始卷心后停止追肥，特别是速效肥料。

（七）病虫害防治

危害甘蓝的主要害虫有菜青虫、蚜虫、小菜蛾、地老虎等。防治菜青虫、蚜虫、小菜蛾可用杀虫灯诱杀，或用喷施杀虫药。防治地老虎喷施 48% 乐斯本或 50% 辛硫磷 1 500 倍液灌根。主要病害有黑腐病、软腐病、菌核病、霜霉病等，感染黑腐病后易并发软腐病。防治方法有实行轮作、增施钾肥、喷施农用链霉素或新植霉素等。

三、菠菜栽培技术

（一）播种期季节与品种选择

1.早春播种（2 月中旬—4 月中旬）

在春季低温而日照时数加长条件下，易提早抽薹，要选择耐寒而抽薹迟的晚熟品种，如杭州塌地菠等，此时拂种生长期短，增施氮肥，可促进生长延迟抽薹，每亩播种量 7.5 ~

10 kg,播后 30~50 d 分批采收。

2.夏秋播种(8 月—9 月上旬)

应采用催芽播种,每亩用种量 1.25 kg,并采取抗高温防暴雨措施,以提早上市,播后 30~40 d 分 2~3 批采完。

3.晚秋播种(9 中旬—11 月上旬)

亩播种子量 10 kg,陆续发芽。播后 1 个月开始采收,隔半个月第二次采收,12 月上中旬第三次采收,过冬翌年开春再采收 1~2 次。

(二)整地作畦

菠菜主根粗而长,喜微碱性、肥沃而排水良好的沙壤土,结合整地亩施厩肥 2 000~2 500 kg 及人粪水 1 000~1 500 kg。若是酸性土,亩施石灰或草木灰 50 kg 作基肥,翻耕做成畦宽连沟 1.6~2.3 m 的畦,即可播种。

(三)播种

播前必须催芽处理,才能保证齐苗、全苗。催芽方法一般有以下 3 种:
①将种子装入袋内,浸种一昼夜。待种子吸水后,吊于井中(袋离水面 33 cm 以上)。每天拿出用清水漂洗一次,防止霉烂,并使袋内温度均匀。经 3~4 d 后放在 15~20 ℃条件下,再经 3~4 d 种子露白后即可播种。
②将种子浸种吸水后,摊于竹匾内放在 4 ℃冰库内 10~15 d 冷冻处理。
③将种壳(果实)弄破后浸种催芽,能提高出苗率。

(四)田间管理

播种时将种子均匀撒于地面,用齿耙浅耙一遍,使种子入土 1.5~33.3 cm,随后用脚轻踏一遍,使种子与土密合,有利扎根出苗,并施一次盖子肥,亩施人粪水 3 000~3 500 kg 或浇洒泥浆一次,既肥田又可防鸟类啄食。出苗后掌握薄肥勤浇,以稀人粪水 1 000~1 500 kg 于每次间苗后施一次。夏秋菠菜,生长季节高温干旱,播种时往往超过 35 ℃,除进行催芽播种外,覆土后再用秸草覆盖,既可保持水分又防止土壤板结。浇水应于早晚气温下降时进行,不能从叶面泼浇,以免伤苗。菠菜生长期短,采收次数多,开始采收后,每次采收施肥一次(人粪水 1 000~1 500 kg),促进生长。越冬菠菜应在春暖前施足肥料,以免生长细弱,提前抽薹。

(五)采收

菠菜是一种多次采收的绿叶菜,采收技术直接影响采收的次数和产量,要求"细收勤挑,间挑均匀",每次采收时要挑大留小,间密留稀,使留下的菠菜行距均匀,稀密适当,以利充分发棵,生长一致,延长供应期。

第四节　蔬菜大棚温室栽培技术

一、塑料大棚的结构

塑料大棚是利用竹木、水泥、钢管等做骨架材料,拱架高1.8 m以上,其上覆盖薄膜而成。塑料大棚比中、小棚更具有优越性。大棚具有坚固耐用的骨架,使用寿命较长;棚体较高大,管理人员可在棚内自由操作;保温性能比中、小棚好,利于棚内作物的早熟、丰产;大棚内便于安装加温设备,有利于控制棚内的环境条件。

大棚一般用 0.10±0.2 mm 厚的塑料薄膜覆盖,一亩大棚需薄膜120~150 kg。薄膜透光率高,保温性能好,仅次于玻璃,但紫外光的透过率比玻璃高,更有利于作物生长健壮,造价又比玻璃低,拆装、使用方便,应用较广泛。主要用于冬春茄果类、瓜类、豆类及雍菜育苗;春季瓜、茄、豆蔬菜的早熟栽培或甘蓝、辣椒的杂交制;夏季甘蓝、芹菜、莴笋、瓢白、秋番茄、葱等育苗;果菜类蔬菜的秋延后栽培。

大棚按棚架材料可分为竹木结构、钢筋结构及装配式镀锌钢管结构大棚。

1. 竹木结构大棚

这种大棚以竹木为拱架材料,适合专业户采用。优点是取材容易,造价低廉,建造方便。缺点是竹木拱架易腐烂,每年需维修;棚内常有支柱,操作管理不方便,光照较钢架棚弱。

2. 钢材结构大棚

大棚内架采用轻型钢材,一般用直径14~16 mm的筋弯曲而成,也可用黑铁管做拱架。这种棚各地可自行加工而成。优点是结构简单、坚固耐用、透光好、操作方便、抗风雪能力较强等。缺点是钢材易生锈而损坏薄膜,需2~3年防锈维修一次,费用较高。

3. 装配式镀锌钢管大棚

采用薄膜镀锌钢管组装而成。这是我国定型生产的新型大棚。特点是结构强度高,抗风雪能力强,防蚀性能好,棚内无支柱,操作方便,透光率高,使用寿命长,但成本高。目前我国生产的装配式镀锌钢管大棚有 8 m,7.5 m,6 m,5.4 m,4 m 等不同跨度的棚型。拱杆、拉杆都是薄壁镀锌钢管制。各部件用插销、螺钉、弹簧卡连接。薄膜的固定采用卡槽和镀锌钢丝。

二、大棚蔬菜的管理

（一）大棚消毒

固定的大棚内高温潮湿，作物长期连作，病虫害宜发生蔓延，再次使用前需要严格消毒。目前常用的消毒药剂为硫黄和福尔马林。

1. 硫黄粉熏蒸消毒

一般在播种前或定植前 2～3 d 进行熏蒸，其做法是每 1 000 m^3 放入混合好的硫黄粉和锯木 0.25 kg，在几个盆钵内分散数处，然后点燃成烟雾状。熏蒸时密闭门窗，经一昼夜后再通风换气。

2. 福尔马林消毒

用于床土消毒，消灭土壤中的病原菌。用 0.3% 的福尔马林溶液喷浇土壤 1 000 m^2 用配好的福尔马林液 150 kg，喷浇后畦面用薄膜覆盖，待 5～7 d 后，揭膜让多余药液挥发掉。再翻土 1～2 次后使用。

（二）选择品种

保护地栽培果菜类一般用于春季早熟栽培和秋季延后栽培。春季早熟栽培对品种的要求。

①早熟；

②茎叶开展度较小，适于密植；

③耐低温，在低温条件下能正常生长发育，着果好；

④耐弱光，在光照不足的条件下能正常生长发育；

⑤耐湿抗病。

秋后延迟栽培宜选用耐热、抗病、早熟丰产的品种。

（三）培育壮苗

要求有较好的床土，适期播种，适当稀播，营养土块、营养钵假植，大苗移栽，加强炼苗。

（四）施足基肥

果菜类蔬菜生长期较长，大棚内的种植密度较露地大，必须施足基肥，才能满足需要。一般亩施腐熟的土杂肥或厩肥 2 500 kg 左右，再加粪肥 2 000～3 000 kg 作基肥。例如，重庆市江北区观音桥农科站 1980 年亩产 7 596 kg 的大棚黄瓜，亩施人粪尿 150 担、牛圈粪渣 150

挑、过磷酸钙 50 kg 作基肥。

（五）合理密度

栽植密度因蔬菜种类、品种、栽培目的和栽培方式差异而不同。如黄瓜早熟栽培，为争取早期产量，一般选用早、中熟品种，多为主结瓜，栽植密度一般为 4 000 ~ 4 500 株。重庆阴天多、光照较差，以亩 3 500—4 000 株为宜，行距为 72.6 ~ 85 cm（2.2 ~ 2.4 尺）。株距 19.8 ~ 26.4 cm。番茄早熟栽培一般亩栽 4 000 株，用早熟品种只收 3 ~ 4 台果，可以适当增加密度，每亩 5 000 株左右。辣椒亩栽 7 000 株左右。冬春季为争取较强的光照，栽植畦的方向与大棚的方位不同，大棚的方位为南北延长，畦的方向为东西延长，使植株不致互相遮蔽，植株阴影射到行间或走道上。

（六）追肥浇水

生长前期植株较小，一般每隔 10 ~ 15 d 追肥 1 次。生长中、后植株大量结果，每隔 7 ~ 10 d 追肥一次。

大棚内用氮素，追肥最好用尿素，绝对不能用碳酸氢铵，否则会发生严重的氨气危害。尿素用量：前期每亩 5 ~ 8 kg，后期每亩 10 ~ 15 kg，浓度可用 0.2 ~ 0.4%。还可采用根外追肥，常用尿素和磷酸二氢钾，尿素浓度 0.1% ~ 0.2%，磷酸二氢钾浓度 0.2% ~ 0.3%。

早春刚定植的幼苗应节制水分。如果水分过多，会降低地温，影响幼苗生长，甚至沤根。随着气温升高，植株生长旺盛，应适当灌水，结果盛期应加强灌水。特别是黄瓜需水量大，更应增加灌水量。要求一次灌足，控制灌水次数，以减少棚内空气温度。

（七）温度管理

蔬菜种类不同，温度管理不同。

1. 番茄

定植后 3 ~ 4 d 不通风，棚温维持在 30 ℃ 左右，缓苗后棚温降至 25 ~ 30 ℃。当外界气温不低于 15 ℃ 时，可昼夜通风。江苏农科院蔬菜所做的辣椒棚温试验，早丰一号在 20 ~ 25 ℃ 的低温棚中，植株生长矮小，早期产量较低；生长在 30 ~ 35 ℃ 的高温棚中植株营养生长过旺，呈徒长趋势，早期产量也较低；生长在 25 ~ 30 ℃ 的适宜温棚中，植株生长健壮，早期产量较高。当外界夜间最低温不低于 15 ℃ 时，可以昼夜通风。

2. 黄瓜

早春定植后，棚内温度保持 25 ~ 27 ℃，低于 25 ℃ 时，要逐渐关闭通口。结瓜前期白天 25 ~ 30 ℃，夜间 13 ~ 15 ℃，不低于 10 ℃。结瓜盛期白天上午保持 28 ~ 30 ℃，下午保持 20 ~ 25 ℃，夜间最低温不低于 15 ℃，地温白天 20 ~ 25 ℃，夜间不低于 20 ℃。结瓜后期，白天气

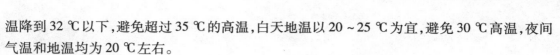

温降到 32 ℃以下,避免超过 35 ℃的高温,白天地温以 20 ~ 25 ℃为宜,避免 30 ℃高温,夜间气温和地温均为 20 ℃左右。

(八)通风换气

通风换气的目的在于调节棚内的温度和湿度,同时排除废气,嵌入新鲜空气。

大棚内土壤和植株叶面水分蒸发,水蒸气的含量比露地高 3 ~ 4 倍,若不注意通风,棚内的空气相对湿度会高达 100% ,不利于蔬菜生长。此外,当露地气温超过 25 ℃时,如不注意通风,大棚中气温可高达 40 ~ 50 ℃,造成高温危害或烫伤植株。通风管理与湿度调节有关,降温排湿主要是通过通风来调节。晴天上午当番茄大棚内气温达 20 ℃、菜椒大棚内气温达 25 ℃、黄瓜及茄子大棚内气温达 23 ℃时开始通风,逐渐加大通风量,使白天棚温有尽可能多的时间维持在适宜的温度范围内。下午当棚温降到上述温度时则关闭大棚停止通风。在喷药、施肥、灌水后要特别注意加强通风管理,降低棚内空气温度。在喷药、施肥和灌水的当天或以后的 1 ~ 2 d,在不造成棚温过低的情况下,适当早揭膜、迟盖膜。

大棚内空气湿度调节因蔬菜种类不同而异。黄瓜应保持较高空气相对湿度,一般晴天白天控制在 55% ~ 65% ,夜间保持 85% ~ 90% ,阴天白天保持 70% ~ 75% ,夜间 90% ~ 95% 。若温度过高,黄瓜叶片边缘会产生水滴,极易发生病害。番茄应保持较低的空气相对湿度,晴天白天控制在 40% ~ 60% ,夜间 80% 左右。辣椒的空气相对湿度控制在 50% ~ 60% 。

(九)生长调节剂的应用

果菜早熟栽培在低温期间,雌花不易受粉,有落花现象。为了防止落花,促进早熟,增加早期产量,应用生长激素提高坐果率。如番茄用 10—20PM 2.4-D 沾花或花柄,用防落素 30 ~ 40×10^{-6},早南瓜、黄瓜的雌花先于雄花开放,用 10—20PP 2.4-D 沾花或花柄,可促进结果。

用乙烯利处理黄瓜,促进多着生雌花,一般用 150—200 mg/kg 的乙烯利于 2 ~ 3 片本叶时喷射叶片。

秋延后栽培的番茄,后期棚温逐渐降低,果实转红慢,可把达青期或交变色期的果实采用,用 200×10^{-6} 的乙烯利液浸果 1 min 取出催红。秋延后栽培的黄瓜,雌花着生节位比春黄瓜高,可用乙烯利,促进早着生雌花,浓度和方法与春黄瓜相同。

后 记

农业丰则基础强,农民富则国家盛,农村稳则社会安。加强"三农"工作,积极发展现代化农业,扎实推进乡村振兴,是构建和谐社会的必然要求,是加快社会主义现代化建设的重大任务。

武陵山地区位于中国华南地区中部,南临广西、东临湖南、西临川渝、北临湖北,因其大部分地区处于武陵山脉而得名。武陵山地区是多民族杂居的区域,区内聚居着土家、汉、瑶、苗、侗等民族,有着悠久独特的民族文化。受地理条件限制,武陵山地区工业欠发达,农业是当地主要产业。在国家的大力支持下,农业基础设施得到改善,从资源优势、区位特点和产业基础出发,逐渐形成具有区域特色的农业产业。

著者于2000年初至今一直对农村居民进行农业技术培训,相关资料在培训中不断完善更新,最终形成《武陵山地区农业实用技术》新型职业农民培训用书,充分体现"中国碗要装中国粮食"精神,由重庆大学出版社出版。本书以武陵山地区主要粮经作物,果树、蔬菜栽培技术为主线,涵盖当地主栽品种的栽培技术和病虫害防治技术要点,内容浅显易懂,突出生产中的实用性,把握技术关键节点,在生产中一看就懂,具有很强的实用性。

本书在撰写中,得到重庆市教育科学研究院职成所、黔江区教育委员会、黔江职教中心等单位大力支持,在此表示感谢!由于农业产业生产技术在不断发展变化,加之著者水平有限,书中难免有不尽如人意之处,敬请广大读者提出宝贵意见。

胡 德

2020 年 5 月

参考文献

［1］刁操铨.作物栽培学各论（南方本）［M］.北京:中国农业出版社,1994.

［2］秦建华.武陵山区主要粮经作物［M］.成都:成都出版社,1995.

［3］郗荣庭.果树栽培学总论［M］.北京:中国农业出版社,1980.

［4］阎玉章,黄麦平.果树栽培技术［M］.北京:科学技术文献出版社,1983.

［5］莫同正.植物及植物生理［M］.2版.北京:农业出版社,1984.

［6］李曙轩.蔬菜栽培学总论［M］.北京:农业出版社,1979.

［7］胡德.纯天然环境下绿色无公害草莓栽培实践初探［J］.中国南方果树,2018（06）:143-145.

［8］胡德.浅谈南方高湿地区葡萄屋顶棚架绿色栽培技术［J］.中国南方果树,2019（04）:131-132.